蔬 食 烘 焙

全植物性食材也能做馬芬、蛋糕和麵包，
再也不擔心過敏、皮膚炎和肥胖問題

自己下廚的都市農夫 **朴宣紅** 著

用天然食材烤出的美味蔬食烘焙

我是自己下廚的都市農夫。

在都市角落的一小塊農地裡，

配合季節播種、插秧，栽種蔬菜與水果。

居住在都市的同時，我也盡量讓自己接近自然、栽種蔬菜。

並用我親自栽種的蔬菜烘焙、下廚。

分享學習的喜悅，一直是最能療癒我的事

這是我在田地裡親自栽種的
小番茄、高麗菜、花椰菜、西瓜、蘿蔔、洋蔥等作物。

經歷在田裡播種、翻土到花開、花謝的過程，看著作物長出端正的葉子、結出果實，

再到收獲的每一個瞬間，都讓我心動不已。

開始種菜之後，我才了解到享受、等待的幸福。

看著、等待著我親手栽種、呵護的作物成長茁壯，真的非常美好。

我有一雙黃色長靴。

在進行比較簡單的農活時，它總能幫助我，讓我更方便。

工作結束後我也不會忘記，

把這雙跟我一起辛苦的長靴，像這樣放在窗邊晾乾。

我是會下廚的都市農夫，在都市的角落打造一塊田地、分享蔬食烘焙的成品。

一起來看看我的烘焙甜點、餐包和麵包料理吧！

自序 ————————————————

身為會下廚的都市農夫，「整理田地、等待麵包與點心烘焙完成，每一個時刻都讓我了解勞動的價值與喜悅」。

不知不覺間，我已經務農十年了。整理田地能溫暖我因日常生活而疲憊的心靈，也能讓我以更樂觀的態度看待人生，於是我成為一個都市農夫，過著身心都溫暖無比的生活。

雖然過去主修的是食品營養學，但畢業前我並沒有什麼非做不可的事或夢想，進入與主修科系相關的職場後，才找到自己真正想做的事，那就是在當時對一般人來說還相當陌生的「食物設計師」。

從小我就喜歡下廚，學生時期也對家政、家事、美術等科目非常有興趣，現在終於找到自己喜歡又能做得好，讓自己很有信心的事情了。成為食物設計師後，我不僅設計、規畫料理，更了解要有基本的廚藝，才能讓料理更加美味，這也使我迫切地渴望充實自己的廚藝，成了我不斷學習、精進、努力的原動力。

我花了一些時間朝目標努力邁進，沒想到進度卻在事情看似要成功時停滯，有時候我甚至連嘗試挑戰的機會都沒有，這也令當時的我身心俱疲。也或許是因為這樣，我開始關心起健康料理與烘焙，想著如果能用自然栽種的蔬菜入菜、烘焙，肯定能做出更健康的滋味，於是正式開始接觸農活。我開始觀察蔬菜自然成長的過程，等待的時間雖然漫長，但卻絕對不無聊。從在田裡播種、翻土，再到作物花開、花謝，最後長出漂亮的葉子與果實，終於能夠收獲的每一個時刻，都讓我悸動不已，過程中我也了解到享受與等待的幸福。

認真揮汗後獲得的成就，以及一口咬下親手採收的新鮮蔬菜時所品嘗到的美味與香氣，是只有經歷過的人才能理解的喜悅。

我深深沉浸在大自然中栽種蔬菜的樂趣，在與自然共度的那段時間裡，我也開始放下對各種不如意之事的埋怨、憤恨，壓力也漸漸消失。開始懂得感激大自然後，我更常笑了，也懂得放下心中無數的欲望，明白瑣碎的日常是如何值得感激。

曾經在疲憊時，總會用負面態度看待世界的我，變成無論面對什麼狀況，都能以樂觀態度看待的人，務農讓我變得更加幸福。

雖然不想再回到那段痛苦的時光，但我認為開始務農前那段漫長且痛苦的歲月，是我生命中不可或缺的一部分。雖然痛苦，但因為有那段持續努力、等待的時間，我才能理解當下的珍貴，那也成了滋養我的心靈、使我更加堅強幸福的土壤。未來若再遇到困難，我應該還是會感到痛苦，甚至會哭泣。雖然會短暫動搖，但相信如今更加堅強的我，肯定知道這一切終究會過去，而能沉靜地過著屬於我的日常生活。

至今我人生最大的轉捩點就是務農，我的人生可以從務農開始分為兩個階段。現在我以樂觀的態度、正面的能量來對待生活，而就在我開始轉變生活型態之後，曾經的夢想開始一一實現。非常愛書的我，人生的願望之一就是出版一本散文集，而這也是開始務農後發生的第一件好事。這讓我了解到，縱使每個人等待的時間長短有異，但只要以樂觀的態度努力、等待，總有一天實現夢想的機會一定會到來。雖然這些話已經是老生常談，但「已經實現夢想」的我，對此可是深信不疑。

於是我又出版了第二本書。這本書將介紹我曾經做過、提供過教學的食譜，內容大多是如何利用蔬菜製作美味點心、甜點及麵包，雖然是一本烘焙書，但我也希望它不僅是教大家如何進行蔬食烘焙的書。我想謝謝在這本書出版前一直支持我的家人，尤其從頭到尾都跟我一起努力的弟弟在凡，非常謝謝你。也要感謝耐心等待我的田熙敬本部長，是你讓這本書更完美，帶著還不夠完美的我走到今天。希望這本書並不只是單純傳授烘焙技巧，也可以是一本幫助你重新檢視全家人飲食習慣的作品，也希望能藉著這本溫暖的書，分享我心中的正能量給大家。

都市農夫 朴宣紅

PART 2
適合當正餐的蔬食麵包

目
錄

PART 3
適合蔬食麵包料理的三明治、湯、沙拉、果汁

開始蔬食烘焙的原因

上烘焙課程時最常被問到的問題之一就是：「你吃素嗎？」雖然是做蔬食烘焙，但我並非完全的素食主義者，不過我也確實幾乎不太吃肉類、奶油、雞蛋和牛奶。我開始務農的契機，是「想用自己栽種的蔬菜，做美味健康的料理與烘焙」。當時我因嚴重的鼻炎開始吃韓藥調理身體，也才知道原來我的飲食習慣不適合自己的體質。每個人罹患鼻炎的原因、症狀都不一樣，以我的情況來看，是必須盡量少吃肉製品避免引發鼻炎，於是我在吃韓藥的那幾個月便開始減少碰肉製品。我以前很愛吃肉，所以一開始會因為吃不到而更想吃，這讓我感到非常難過，但幸好從小我就愛吃蔬菜水果，用蔬菜水果來替代之後，不知不覺間我就習慣不吃肉了。那之後我的鼻炎改善不少，現在也能夠維持不吃肉的習慣。同時我也透過這次經驗學習到，要讓身體維持良好狀態，預防以及平時的飲食習慣都很重要。

後來我便盡量遠離動物性製品，改為選擇植物性製品。平時吃飯大多是玄米飯、大醬湯，主要搭配蔬菜跟水果。蔬菜也不是生吃，而是會選用能夠幫助消化、吸收的料理方式，所以除了搭配麵包的沙拉之外，我大多都是吃煮熟的蔬菜製成的料理。不過我不會刻意堅持「蔬菜一定要煮熟再吃」「要生吃才能攝取到完整營養」，而是會依照身體的狀況、視蔬菜的種類與搭配的食物，決定該選擇什麼吃法。所以我是選擇適合自己身體、體質的食材與料理方式，有人可能會覺得很麻煩，但如果你稍微注意自己的身體，那就能夠依照身體的需求，選擇適當的食材與料理方式，吃得美味又健康。

也因此，我自然而然地選用更健康的食材與方法，來製作我喜歡的麵包與烘焙點心。

鼻炎是過敏性疾病的一種，所以我開始尋找能替代動物性食材的材料，最後才開始蔬食烘焙。當我使用自己平時喜歡的食材開始烘焙時，才發現原來這些食材大多是各式蔬果，於是我便在不知不覺間開始從事蔬食烘焙。

蔬食烘焙優於一般烘焙的原因

不使用一般烘焙常見的動物性食材如奶油、雞蛋、牛奶等，而是以植物性食材為基礎，再加上充滿天然營養的蔬菜，就是本書所說的蔬食烘焙。由於動物性製品可能是引發過敏的原因，所以改用當季蔬菜、水果做成蔬食麵包，不僅營養滿分，更能帶來飽足感，有時候甚至能當點心或零嘴解饞。

由於蔬食烘焙是以新鮮健康的食材代替動物性食材，為了保留食材的天然原味，食材的選擇至關重要。

蔬食烘焙中會使用有機原糖取代精製砂糖，並使用營養價值較高的植物油，同時也用身體較好消化、吸收的全麥麵粉代替精製麵粉。

烘焙點心的甜不是精製砂糖帶來的人工甜味，而是只有蔬食烘焙才有的隱約香氣。雖然好像少了很多能讓成品更美味的食材，但蔬食烘焙反而更能夠品嘗到食材的天然原味，讓人深陷那股純粹的美味中，享受更美味、更健康的美食體驗，而且對消化吸收很好，這也是非常吸引人的優點。

蔬食烘焙使用的食材

◎以全麥麵粉代替一般麵粉

一般來說，烘焙都會使用精製麵粉，但蔬食烘焙使用的是健康、營養價值高的國產小麥和麵粉。

◎以植物油代替雞蛋與奶油

使用植物油以代替雞蛋、奶油等動物性食材。使用植物油時，應選擇非 GMO（基因改造農產品）的產品。

◎以豆漿代替牛奶

使用無添加的植物性豆漿代替動物性的牛奶。

◎以原糖代替砂糖

蔬食烘焙中會以原糖代替砂糖。通常我們使用的砂糖都經過化學精製，是人工製造出來的甜味，但原糖是未精製的糖，含有豐富的維生素與礦物質。

◎選用有機蔬菜

身為都市農夫的我，在做蔬食烘焙時經常選用花椰菜、番茄等無農藥、親手栽種的蔬菜，不過如果沒辦法這麼做的話，則建議盡量購買國產的有機蔬菜使用。

蔬食
烘焙點心、
甜點食材

全麥麵粉
全麥麵粉是用未精製的小麥直接磨碎製成,維生素、礦物質、纖維等營養都較一般的低筋麵粉豐富,也更健康。

杏仁粉
將剝了殼的完整杏仁磨成粉,能夠做出豐富又多層次的味道。

泡打粉
讓蛋糕、餅乾的麵糊能夠膨脹,以增加口感。

玉米粉
將玉米磨碎而成的細粉,搭配全麥麵粉一起使用,口感會更酥脆。

咖哩粉
以多種香辛料調合製成,咖哩粉能夠製作出獨特的味道與香味。

抹茶粉
抹茶粉是將採收下來並經過蒸煮的茶葉,陰乾後磨成的細粉。抹茶粉的味道比較濃郁,風味也更佳。

艾草粉
艾草粉是將艾草晾乾後磨成細粉製成。

肉桂粉
肉桂粉能夠帶出特殊的香味與風味。

有機原糖
又稱為粗糖。想製造一點甜味時,建議使用富含維生素、礦物質的有機原糖,而不是精製的白糖(編按:可使用紅糖(brown sugar)或黑糖(black suger)。

鹽
用來調味,可以襯托其他食材的味道。

糖漿
希望味道與香味比有機原糖更濃郁時使用(編按:可以用糖蜜(molasses)取代)。

植物油
以植物油代替奶油。

豆漿
使用無添加物的植物性豆漿,可以讓做出來的成品更清淡爽口。

果乾類(蔓越莓、藍莓)
保存起來比新鮮水果更方便,還有果乾特有的嚼勁。

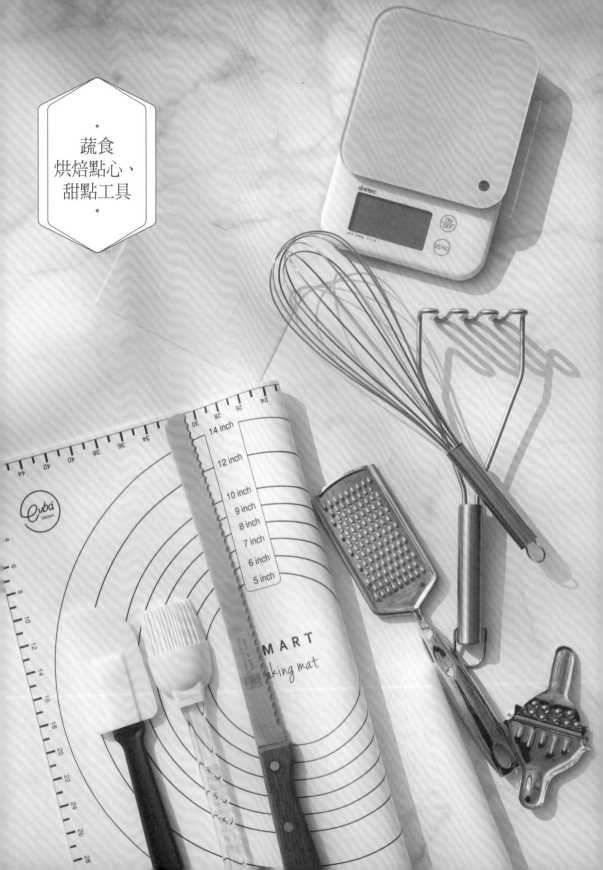

蔬食
烘焙點心、
甜點工具

烤箱
本書烘焙的溫度是以SMEG的烤箱為標準，每個家庭使用的烤箱品牌不同會造成烘烤溫度與時間的差異，請注意烤出來的顏色稍做調整。

調理盆
拌麵糊和麵團時使用，是烘焙中最基本的工具。

篩網
可用篩網將麵粉等粉類篩過後再使用，用篩網可以過濾掉粉末中的雜質，也可以避免結塊，更容易跟其他食材混合在一起。

手持攪拌機
便於攪拌食材的工具。

量杯
用來測量粉類或液體類食材。

鍋子
煮食材時使用。

電子秤
為正確測量食材的分量，建議使用電子秤。

攪拌器
均勻混合、打散粉末或液體類食材時使用。

矽膠刮刀
攪拌食材或要把麵糊刮乾淨的時候使用，矽膠材質很耐熱，不容易變形，很適合用於烘焙。

刷子
塗抹豆漿等液體類時使用的工具。

烘焙墊
烘焙墊是衛生的矽膠材質，墊在桌子上可以防滑，更方便烘焙的各種作業，算是半永久性的工具，仔細清洗後晾乾即可重複使用。

烤盤布
烤盤布在烤箱內也不會燒焦，在烘焙中非常有用。烤麵團時可以鋪在烤盤上當防油紙使用，耐熱達300度C，可半永久性使用，使用後僅需仔細清洗再晾乾即可。

烘焙紙
可代替烤盤布鋪在烤盤上，在做餅乾時也可以避免麵團黏住。

冷卻網
餅乾或蛋糕從烤箱裡拿出來要散熱時，可放在冷卻網上，避免成品因水分而變得濕軟。

擠花袋
分為拋棄式塑膠擠花袋與可重複使用的防水布擠花袋，主要是在做瑪德蓮等麵糊較稀、需以擠花袋塑形的甜點時使用。

刨絲刀
有著許多密集小孔的刀狀刨絲板，主要用於削檸檬皮。

麵包刀
刀刃呈現鋸齒狀，可以在不把麵包或蛋糕壓壞的情況下，輕鬆將其切開。

擀麵棍
將麵團擀平時使用。

刮板
攪拌材料或是切割麵團時、將裝進模具裡的麵糊弄平整時使用。

餅乾模具
將餅乾、司康等麵團擀平後，再切成相同大小、形狀的工具。

馬芬模
烤馬芬時使用。

四方型模、圓形模
烤海綿蛋糕、布朗尼時使用的模具，使用有塗層的會比較衛生方便。

磅蛋糕模
烤磅蛋糕時使用的模具，有很多不同的尺寸，可依照麵糊的分量選擇。

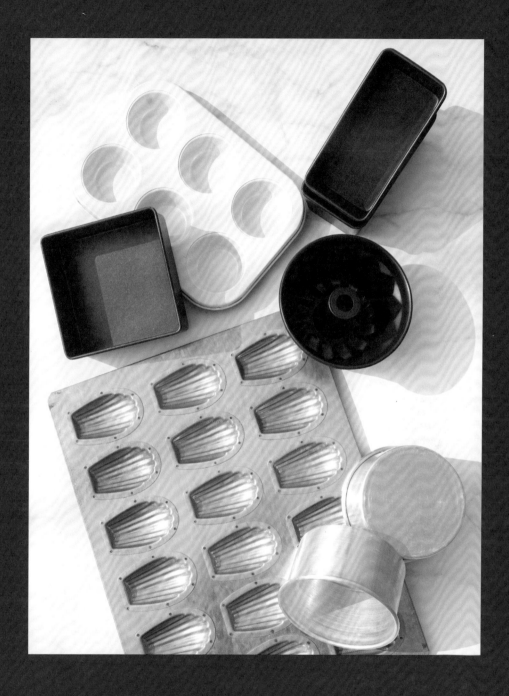

製作蔬食烘焙麵包的食材與工具

韓國產麵粉
這種麵粉比高筋麵粉的彈性差一些,但使用了
較好消化的韓國產小麥,可依照個人喜好選擇
韓國產麵粉、全麥麵粉。

原糖
要添加甜味的時候,不是使用精製的砂糖,而
是使用富含維生素、礦物質的有機原糖。

鹽
主要用於調味,以襯托食材的味道。

植物油
以植物油代替奶油。

烤箱
本書烘焙的溫度是以SMEG的烤箱為標準，根據個人使用的烤箱不同，烘烤時的溫度、時間都可能有差異，烤麵包時請觀察烤箱裡麵包的狀態稍做調整。

量杯
用來測量粉狀或液體類食材。

電子秤
為正確測量食材的分量，建議使用電子秤。

烘焙墊
矽膠材質，墊在桌子上可以防滑，更方便烘焙的各種作業，算是半永久性的工具，仔細清洗後晾乾即可重複使用。

調理盆
拌麵糊時使用，是烘焙中最基本的工具。

發酵籃
用來裝麵團幫助發酵的工具，是用藤蔓編成的碗狀容器，能夠維持麵團的溫度，幫助發酵更順利。

吐司麵包模
烤吐司麵包時使用的模具。建議使用有塗層的模具，若模具本身沒有塗層，則可以抹一些植物油再把麵團放進去，這樣會比較好脫模。

刮板
攪拌材料或是切割麵團時、將裝進模具裡的麵團弄平整時使用。

切花刀
在麵團上劃紋路時使用，紋路有助麵團膨脹，也會使成品看起來更美味。切的時候請一口氣切完，動作也要放輕。

烤盤布
烤盤布在烤箱內也不會燒焦，在烘焙中非常有用。烤麵團時可以鋪在烤盤上當防油紙使用，耐熱達300度C，可半永久性使用，使用後僅需小心清洗再晾乾即可。

冷卻網
餅乾或蛋糕從烤箱裡拿出來散熱時，可放在冷卻網上，避免成品因水分而變得濕軟。

麵包刀
刀刃呈現鋸齒狀，可以在不壓壞麵包或蛋糕的情況下，輕鬆將其切開。

PART

1

蔬食點心・甜點

番茄羅勒
司康

番茄酸甜的滋味搭配微辣的羅勒，能創造出豐富的口感與香味。
番茄含有豐富的抗氧化物番茄紅素，可以預防癌症、老化，加熱煮熟後能夠提升茄紅素的吸收率，所以做成司康來吃，可說是能攝取到大量營養的絕佳方式。

食材－8個份

- 小番茄 200 克
- 乾羅勒 6 克
- 植物油 20 克
- 全麥麵粉 250 克
- 泡打粉 3 克
- 糖漿 10 克
- 鹽 2 克
- 手粉（全麥麵粉）、裝飾用豆漿適量

事前準備

- 將小番茄與羅勒葉洗乾淨，再把水擦乾。
- 麵團放入烤箱前，先以 180 度 C 預熱 20 分鐘。
- 在烤盤上鋪烘焙紙或烤盤布。
- 先把要塗抹在麵團上的豆漿及矽膠刷準備好。

1　1-1 先用細網眼的篩網將全麥麵粉篩入調理盆中，再倒入植物油，用手拌勻。

　　1-2 將洗淨、擦乾的小番茄切成四分之一，再跟泡打粉、羅勒、糖漿、鹽一起倒入
　　　　步驟 1-1 的調理盆中，以刮刀輕輕攪拌至看不見粉末顆粒，再用手揉成團。

2　2-1 在工作桌上灑一點手粉，並將步驟 1-2 的麵團放到工作桌上，捏成扁圓形後裝進
　　　　容器裡，蓋上蓋子放入冰箱休息 30 分鐘。

　　2-2 將冰箱裡的麵團拿出來放到工作桌上，以刮刀切成 8 等分。

3-1 3-2

3
—
烘烤

3-3

3　3-1 將切成 8 等分的麵團，以一定間隔放在烤盤上。

3-2 用刷子在麵團表面塗抹少量豆漿。

3-3 放入以 180 度 C 預熱好的烤箱裡烤 20 至 30 分鐘，再把烤好的司康取出、放到
　　冷卻網上散熱。

馬鈴薯羅勒司康

我在蒸到鬆軟的馬鈴薯中加入大量甜香的羅勒葉,烤成外皮酥脆、且口感不會太乾的司康。在某個陰雨連綿的日子,我跟妹妹一起採收馬鈴薯,因為要把馬鈴薯挖出來而無法好好撐著傘,以至於我們全身濕透,但那是我們這輩子第一次自己採收馬鈴薯,心情實在好得不得了,最後我們都得了重感冒。我們用那天採收的紫色馬鈴薯入菜、做司康,那紫色的外皮實在美到讓人捨不得吃下肚。

食材—8個份

◦ 馬鈴薯泥 200 克
◦ 乾羅勒 4 克
◦ 全麥麵粉 250 克
◦ 泡打粉 4 克
◦ 植物油 20 克
◦ 鹽 3 克
◦ 手粉(麵粉)、裝飾用豆漿適量

事前準備

◦ 馬鈴薯先蒸好,趁熱壓成泥再放涼。
◦ 麵團放入烤箱前 20 分鐘先用 180 度 C 預熱。
◦ 把烘焙紙或烤盤布鋪在平底鍋上。
◦ 先把要塗抹在麵團上的豆漿及矽膠刷準備好。

1-1 1-2

1
製作
麵團

1-3

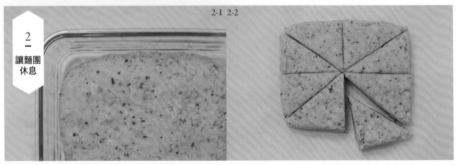

2-1 2-2

2
讓麵團
休息

<u>1</u>　1-1 先用細網眼的篩網將麵粉篩過一遍，再倒入植物油。

　　1-2 用手將麵粉跟油拌在一起，待麵粉變鬆後，再加入泡打粉、馬鈴薯泥、羅勒和鹽，
　　　　用刮刀輕輕以畫直線的方式攪拌。

　　1-3 待步驟 1-2 攪拌至完全看不見粉末顆粒後，再用手將麵團揉成團。

<u>2</u>　2-1 灑一點手粉在工作桌上，放上步驟 1-3 的麵團，用擀麵棍擀成約 2 公分厚的扁
　　　　平正方形，接著再把麵團放入容器中，蓋上蓋子放入冰箱休息 30 分鐘。

　　2-2 從冰箱裡把已經變硬的麵團拿出來，切成 8 等分。

3　3-1 把麵團放到烤盤上，麵團之間須留一定的間隔。

　　3-2 在步驟 3-1 的麵團上塗抹裝飾用的豆漿。

4　4-1 將麵團放入已預熱至 180 度 C 的烤箱中烤 20 至 30 分鐘，烤好後取出、放到冷
　　　卻網上散熱。

抹茶司康

抹茶司康隱約帶有香味，口味也十分清爽。我喜歡抹茶那令人心情愉悅的清香，以及帶點苦澀的滋味，這可說是特別為我量身打造的甜點。身為品茶師的四姊，總會需要找一些點心配茶，而這款司康也可以說是為了她而開發的。我特別加了一些杏仁來中和抹茶的苦澀，相信大家應該都能接受。

食材－8個份

- 全麥麵粉 230 克
- 抹茶粉 15 克
- 泡打粉 3 克
- 植物油 20 克
- 原糖 25 克
- 鹽 2 克
- 豆漿 80 克
- 杏仁片 30 克
- 手粉（全麥麵粉）、裝飾用豆漿適量

事前準備

- 麵團放入烤箱前 20 分鐘先用 180 度 C 預熱。
- 將烘焙紙或烤盤布先鋪在烤盤上。
- 先把要塗抹在麵團上的豆漿及矽膠刷準備好。

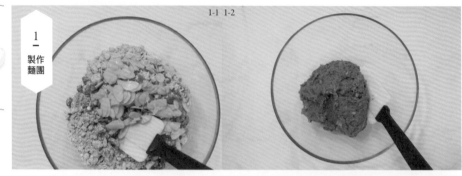

1-1 1-2

2-1 2-2

1　1-1 全麥麵粉、抹茶粉、泡打粉先分別用細網眼的篩網篩過後倒入調理盆，再倒入
　　　植物油，並用手拌至麵粉變鬆，接著加入原糖、鹽、豆漿和杏仁片。
　　1-2 用刮刀輕輕將步驟 1-1 攪拌至完全看不見粉末顆粒後，再用手揉成團。

2　2-1 將步驟 1-2 揉好的麵團放在撒了一些手粉的工作桌上，再把麵團捏成正方形。
　　2-2 將步驟 2-1 捏好的麵團裝入容器裡，蓋上蓋子放入冰箱休息 30 分鐘。

|T|I|P|
用圓形餅乾模做成的抹茶司康。

3 3-1 從冰箱裡將麵團拿出來放在工作桌上。

　　3-2 用刮刀把步驟3-1的麵團切成8等分並放到烤盤上，每一塊之間需留固定的間隔。

　　3-3 用刷子在麵團的表面塗上薄薄的裝飾用豆漿。

4 4-1 將步驟3-3的麵團，放入以180度C預熱好的烤箱中烤20至25分鐘，烤好後取出、
　　　放到冷卻網上散熱。

檸檬司康

因為我喜歡酸酸甜甜的滋味，所以一下子就迷上檸檬司康的味道。
用全麥麵粉製作的司康味道十分清淡，再加上檸檬的清爽口感與香氣，
讓家人也對這款司康愛不釋手，這樣的反應也使我非常滿意，
讓我以這款檸檬司康為傲。

食材－6個份（直徑6公分）

全麥麵粉 170 克，泡打粉 2 克，檸檬皮 40 克，檸檬汁 10 克，
植物油、糖漿各 20 克，豆漿 80 克，鹽 2 克
裝飾用豆漿跟手粉（全麥麵粉）適量，裝飾用檸檬切片 6 片（約 1 顆檸檬）

事前準備

。檸檬洗淨後擦乾，再用削皮刀把檸檬皮削成細絲，
接著用檸檬果肉擠出檸檬汁。
。裝飾用的檸檬切開前要先洗淨、擦乾。
。麵團放入烤箱前 20 分鐘先用 180 度 C 預熱。
。先將烘焙紙或烤盤布鋪在烤盤上。
。先把要塗抹在麵團上的豆漿及矽膠刷準備好。

1-1 1-2

1
製作
麵團

2
讓麵團
休息

<u>1</u>　1-1 全麥麵粉與泡打粉分別用細網眼的篩子篩入調理盆中，加入植物油後用手將麵
　　　　粉抓鬆。

　　　1-2 把檸檬皮、檸檬汁、豆漿、糖漿、鹽倒入步驟 1-1 的調理盆中，以刮刀輕輕攪拌
　　　　至完全看不見粉末顆粒。

　　　1-3 用手將步驟 1-2 的麵團揉成團。

<u>2</u>　2-1 在工作桌上灑一點手粉，將步驟 1-3 的麵團放在桌上，並以雙手壓扁。

　　　2-2 將麵團放入容器，蓋上蓋子放入冰箱休息 30 分鐘。

3-1 3-2

3-3 3-4

4
—
烘烤

4-1

<u>3</u>　3-1 把麵團從冰箱裡拿出來，放在工作桌上。

　　3-2 用餅乾模把步驟3-1的麵團切出6等分並放到烤盤上，每一塊之間留固定的間隔。

　　3-3 用刷子在麵團表面刷上薄薄一層豆漿。

　　3-4 在每一個麵團上放一片檸檬切片。

<u>4</u>　4-1 將步驟3-4的麵團放入以180度C預熱好的烤箱中烤20至25分鐘，烤好後取出、
　　　放到冷卻網上散熱。

薄荷檸檬
司康

我的田地裡有種蘋果薄荷、辣薄荷、羅勒、迷迭香、金蓮花、檸檬馬鞭草等各式香草。香草不僅能用於料理、烘焙，日常生活中也有許多用途，所以我推薦有在種菜的人可以栽培香草作物。尤其是多年生的薄荷，冬天埋在土壤中的根，會隨著春天的到來復甦，完全憑藉著大自然的力量生長，也更增加我對它們的愛，而且這種隨著季節變換生長的薄荷香味也更濃郁。清新爽口的薄荷搭配酸甜的檸檬，在慵懶的午後配上一杯暖暖的熱茶，彷彿整個人都清爽了起來。

食材－8個份

- 全麥麵粉 170 克
- 泡打粉、鹽各 2 克
- 薄荷葉 6 克（薄荷粉 6 克）
- 檸檬皮 30 克
- 檸檬汁 10 克
- 植物油、糖漿各 20 克
- 豆漿 80 克
- 裝飾用檸檬切片 4 片
- 手粉（全麥麵粉）、裝飾用豆漿適量

事前準備

- 檸檬洗淨後擦乾，用削皮刀把檸檬皮削成絲後，再用檸檬果肉擠出檸檬汁。

  | T | I | P |
  如果沒有削皮刀，也可以用刀子將切下薄薄的檸檬皮再切絲。

- 薄荷葉洗淨、擦乾，切碎做成薄荷粉。
- 麵團放入烤箱前 20 分鐘先用 180 度 C 預熱。
- 將烘焙紙或烤盤布鋪在烤盤上。
- 先把要塗抹在麵團上的豆漿及矽膠刷準備好。

1-1 1-2

1
製作
麵團

2-1 2-2

2
讓麵團
休息

1　1-1 將全麥麵粉和泡打粉分別用細網眼的篩網篩入調理盆中，倒入植物油後用手將
　　　麵粉抓鬆。
　　1-2 將檸檬皮、檸檬汁、薄荷粉、豆漿、糖漿、鹽倒入步驟 1-1 的調理盆中，用刮刀
　　　輕輕攪拌至完全看不見粉末顆粒，再用手把麵團揉成團。

2　2-1 在工作桌上灑一點手粉，將步驟 1-2 揉好的麵團放到桌上，再用雙手揉成扁平的
　　　正方形，接著將麵團放入容器，蓋上蓋子放入冰箱休息 30 分鐘。
　　2-2 將步驟 2-1 的麵團從冰箱中拿出來放在工作桌上，用手整理成正方形，再切成 8
　　　個一樣大的三角形。

3-1 3-2

4-1

3　3-1 將切成 8 等分的麵團以一定的間隔放到烤盤上，用刷子在麵團表面刷上一層薄薄的豆漿。

　　3-2 將裝飾用的檸檬片對切後，每一塊麵團上放半片。

4　4-1 將步驟 3-2 做好的麵團，放入以 180 度 C 預熱好的烤箱中烤 20 至 25 分鐘，烤好後取出放到冷卻網上散熱。

橄欖甜椒
司康

說到橄欖，我最先想起的就是西班牙。西班牙是我一直想去住上一個月的國家，想像當地人一樣在市場購物、烤麵包、做菜，想親眼看看無邊無盡的橄欖樹林，而這款橄欖甜椒司康，就是我基於這樣的私心開發出來的菜單。

最近我自己在家種橄欖樹，帶著「很快能夠用橄欖做菜」的誠意用心照顧著。風味極佳的橄欖配上辣中帶甜的甜椒，可以品嘗到層次十分豐富的滋味。

食材－15個份（直徑5公分）

- 全麥麵粉 180 克
- 泡打粉 2 克
- 黑橄欖、植物油各 30 克
- 紅甜椒 1/2 個
- 原糖 10 克
- 鹽 3 克
- 豆漿 50 克
- 裝飾用豆漿、手粉（麵粉）適量

事前準備

- 黑橄欖、紅甜椒都先洗乾淨再擦乾。
- 麵團放入烤箱前 20 分鐘用 180 度 C 預熱。
- 將烘焙紙或烤盤布先鋪在烤盤上。
- 先把要塗抹在麵團上的豆漿及矽膠刷準備好。

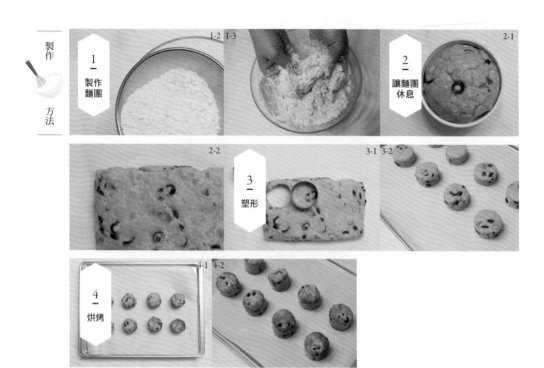

<u>1</u>　1-1 把洗淨、擦乾的黑橄欖切成薄片，甜椒則切成 0.5 公分小丁。

　　　 1-2 將全麥麵粉與泡打粉分別以細網眼的篩網篩入調理盆中，再倒入植物油，並以
　　　　　 手將麵粉抓鬆。

　　　 1-3 將原糖、鹽、豆漿、黑橄欖切片、甜椒倒入調理盆中，以刮刀輕輕攪拌至完全
　　　　　 看不見粉末顆粒，再用手把麵團揉成團。

<u>2</u>　2-1 在工作桌上灑一點手粉，放上步驟 1-3 的麵團，用雙手揉成扁圓形，接著把麵團
　　　　　 放入容器中，蓋上蓋子放入冰箱休息 30 分鐘。

　　　 2-2 將冰好的麵團從冰箱中拿出來放在工作桌上，用手壓成長方形。

<u>3</u>　3-1 用餅乾模具將步驟 2-2 的麵團切成圓形，並以一定的間隔放到烤盤上。

　　　 3-2 用刷子在麵團表面刷上一層薄薄的豆漿。

<u>4</u>　4-1 將步驟 3-2 的麵團放入以 180 度 C 預熱好的烤箱裡烤 20 到 25 分鐘，烤好後取出、
　　　　　 放在冷卻網上散熱。

燕麥司康

這款司康裡加了味道香濃又富含膳食纖維的燕麥，可以用來代替正餐，
尤其早餐時搭配蘋果一起吃，就能透過蘋果補充燕麥缺少的維生素，
是最佳的組合。

食材－8個份

全麥麵粉 250 克，泡打粉 3 克，植物油 20 克，原糖 25 克，
鹽 2 克，豆漿、燕麥各 80 克，
裝飾用豆漿適量

事前準備

◦ 檸檬洗淨、擦乾，再用削皮刀把檸檬皮削成細絲，接著用檸檬果肉擠出檸檬汁。
◦ 裝飾用的檸檬切開前要先洗淨並擦乾。

1　1-1 將全麥麵粉與泡打粉分別以細網眼的篩網篩入調理盆中，再倒入植物油，並以
手將麵粉抓鬆。

2-2 將準備好的原糖、鹽、豆漿、燕麥倒入調理盆中，以刮刀輕輕攪拌至完全看不
見粉末顆粒，再用手把麵團揉成團。

2　2-1 在工作桌上灑一點手粉，把步驟 1-2 的麵團放上去，用手揉成扁平的長方形，接
著把麵團放入容器中，蓋上蓋子放入冰箱休息 30 分鐘。

2-2 將冰好的麵團從冰箱中取出，切成 8 等分。

3　3-1 將切成 8 等分的麵團以一定的間隔放到烤盤上。

3-2 用刷子在麵團表面刷上一層薄薄的豆漿。

4　4-1 將步驟 3-2 的麵團放入以 180 度 C 預熱好的烤箱裡烤 20 到 25 分鐘，烤好之後
取出、放到冷卻網上散熱。

燕麥餅乾

富含膳食纖維的燕麥，能為餅乾增添更多咀嚼的樂趣，不僅吃起來美味，製作的過程也很簡單，很適合做來分送給親友品嘗，是絕對不會失敗的禮物。如果在麵團裡加一點蔓越莓，還能吃到酸酸甜甜的滋味喔。

食材－15片份（直徑5公分左右）

◦ 全麥麵粉 110 克
◦ 泡打粉 3 克
◦ 燕麥 80 克
◦ 植物油、麥芽糖各 20 克
◦ 鹽 1 克
◦ 糖漿 10 克
◦ 豆漿 30 克
◦ 手粉（全麥麵粉）適量

事前準備

◦ 麵團放入烤箱前 20 分鐘，先用 175 度 C 預熱。
◦ 將烘焙紙或烤盤布鋪在烤盤上。

製作
方法

1
製作麵團

1-1 　1-2-1

1-2-2 　1-4

2
塑形

2-1-1 　2-1-2

2-2 　2-3

058　蔬食烘焙

3-1 3-2

1　1-1 將全麥麵粉、泡打粉、鹽倒入調理盆中，用攪拌器輕輕拌勻。

1-2 步驟 1-1 用篩網篩過之後，再倒入燕麥拌勻。

1-3 拿另一個調理盆，倒入豆漿、植物油、糖漿、麥芽糖，再用攪拌器攪拌均勻，接著將步驟 1-2 分 2 至 3 次倒入。

1-4 用刮刀輕輕攪拌至完全看不見粉末顆粒，再用手把麵團揉成團。

2　2-1 在工作桌上灑上手粉，並將步驟 1-4 的麵團放到工作桌上，用擀麵棍擀成 0.2 至 0.3 公分厚。

2-2 用餅乾模具將 2-1 的麵團切成餅乾的形狀。

2-3 將烤盤布鋪在烤盤上，並以一定的間隔將步驟 2-2 切好的麵團放上去。

3　3-1 將步驟 2-3 的麵團放入以 175 度 C 預熱的烤箱裡烤 13 至 15 分鐘。

3-2 將烤好的餅乾放到冷卻網上散熱。

黑芝麻餅乾

我用全麥麵粉、玄米粉,加上香噴噴的芝麻,做成這款健康、且不論男女老少都會喜歡的黑芝麻餅乾。善用餅乾模具就能做出小朋友喜歡的各種造型餅乾,建議大家也可以試著跟小朋友一起享受愉快的烹飪時間!

食材－20片份（直徑5公分）

- 全麥麵粉 90 克
- 玄米粉 60 克
- 黑芝麻、豆腐各 40 克
- 泡打粉 3 克
- 鹽 1 克
- 植物油 25 克
- 糖漿 20 克
- 手粉（全麥麵粉）適量

事前準備

- 麵團放入烤箱前 20 分鐘先用 175 度 C 預熱。
- 將烘焙紙或烤盤布鋪在烤盤上。

1
製作
麵團

2
塑形

1　1-1 將全麥麵粉、玄米粉、泡打粉和鹽倒入調理盆，並用攪拌器輕輕攪拌。

1-2 用細網眼的篩網篩一次步驟 1-1。

1-3 將黑芝麻倒入步驟 1-2 的調理盆中，用攪拌器拌勻。

1-4 豆腐用自來水洗淨後，放在篩網中 5 ～ 10 分鐘瀝乾，再跟植物油、糖漿一起放入果汁機中打成泥。

1-5 將步驟 1-4 的豆腐泥倒入步驟 1-3 的調理盆中，並以刮刀輕輕攪拌至看不見粉末顆粒。

1-6 用手將步驟 1-5 的麵團揉成團。

2　2-1 在工作桌上灑上手粉，並將步驟 1-4 的麵團放到工作桌上，用擀麵棍擀成 0.2 至 0.3 公分厚。

2-2 用餅乾模具將麵團切成餅乾的形狀。

2-3 在平底鍋上鋪烤盤布，並將切好的麵團以一定的間隔放上去。

3   3-1 將步驟 2-3 的麵團放入以 175 度 C 預熱的烤箱裡烤 15 至 17 分鐘，烤好後取出、
       放在冷卻網上散熱。

蓮藕餅乾

我小時候是個常流鼻血的孩子，經常睡覺睡到一半、走路走到一半就流鼻血，而且一流就流很多，所以媽媽經常要我多吃蓮藕，也非常注意我的身體狀況。我真的不知道自己當時為什麼會討厭吃蓮藕，不過我想應該大部分小孩都跟我一樣討厭蓮藕吧？所以就想，只要像這樣烤成餅乾，大家就能夠攝取蓮藕的營養囉！蓮藕稍稍燙過後口感會變得很脆，吃起來更有咀嚼的樂趣。

食材－30片份（直徑5公分）

- 全麥麵粉 90 克
- 杏仁粉 40 克
- 泡打粉 2 克
- 鹽 1 克
- 植物油 20 克
- 豆漿 30 克
- 蓮藕 60 克
- 裝飾用蓮藕切片 30 片
- 手粉（全麥麵粉）適量

事前準備

- 麵團放入烤箱前 20 分鐘先用 175 度 C 預熱。
- 將烘焙紙或烤盤布先鋪在烤盤上。
- 包括裝飾用的蓮藕在內，所有蓮藕都先連皮一起洗乾淨再把水擦乾，接著放入滾水中燙 2 至 3 分鐘。裝飾用的蓮藕處理完後切成薄片。

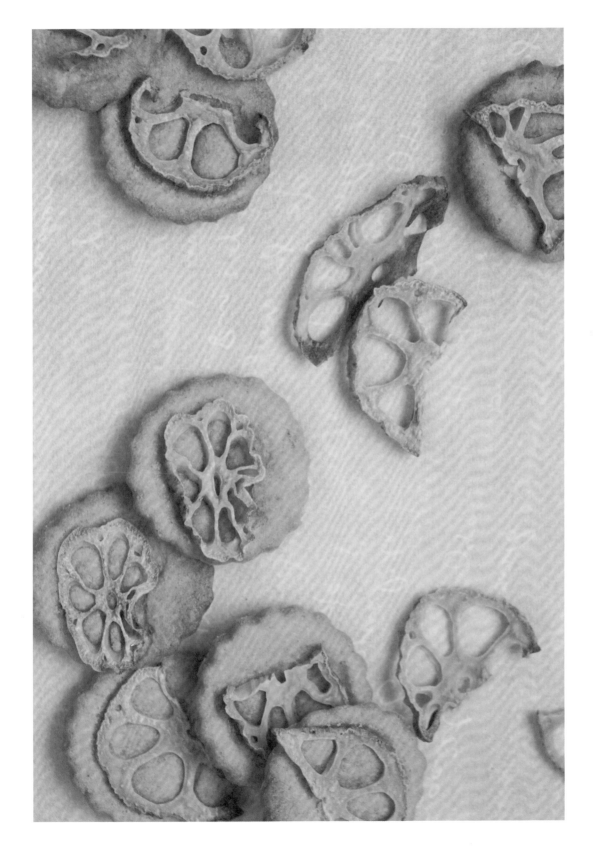

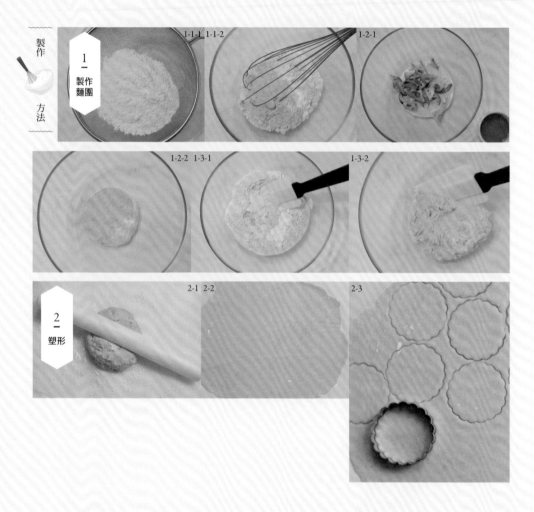

1
製作
麵團

2
塑形

1-1-1 1-1-2

1-2-1

1-2-2 1-3-1

1-3-2

2-1 2-2

2-3

<u>1</u> 1-1 將全麥麵粉、杏仁粉、泡打粉、鹽倒入調理盆，用攪拌器輕輕拌勻之後，再用
　　　細網眼的篩網篩一次，接著再重新攪拌。

　　1-2 將燙好的蓮藕、準備好的植物油與豆漿用果汁機打勻。

　　|T|I|P|
　　蓮藕燙太久反而會變軟，請一定要遵守汆燙的時間。

　　1-3 將步驟 1-2 倒入步驟 1-1 中，以刮刀輕輕攪拌至完全看不到粉末顆粒，然後再用
　　　手把麵糰揉成團。

<u>2</u> 2-1 在工作桌上灑上手粉，並將麵團放到工作桌上。

　　2-2 用擀麵棍將步驟 2-1 的麵團擀成 0.2 至 0.3 公分厚。

2-3 用模具將麵團壓出餅乾形狀。

2-4 把餅乾模具切下的麵團，以一定的間隔放到鋪了烤盤布的烤盤上。

2-5 在麵團上放裝飾用的蓮藕。

3　3-1 將麵團放入以 175 度 C 預熱的烤箱裡烤 10 至 15 分鐘，烤好後取出、放在冷卻
　　　網上散熱。

花生醬餅乾

很累的時候，我偶爾會吃一片手工花生餅乾，濃郁美味的餅乾可以幫助我驅散疲勞，心情也會變得比較好。我用的不是市售花生醬，而是手工花生醬，餅乾吃起來也更香。

食材－7到8片份（直徑5公分）

- 全麥麵粉 140 克
- 泡打粉 4 克
- 手工花生醬 80 克
- 豆漿 40 克
- 鹽 2 克
- 植物油、糖漿各 30 克
- 手粉（全麥麵粉）適量

事前準備

- 麵團放入烤箱前 20 分鐘先用 175 度 C 預熱。
- 將烘焙紙或烤盤布先鋪在烤盤上。
- 手工花生醬請先做好（可參考第 308 頁〈花生醬〉食譜）

1　1-1 將全麥麵粉、泡打粉、鹽倒入調理盆，用攪拌器輕輕拌勻後，再用細網眼的篩
　　　網篩一次。

　　1-2 將植物油、糖漿、手工花生醬、豆漿倒入另一個調理盆中，用攪拌器拌勻。

　　1-3 將步驟 1-2 倒入步驟 1-1 中，以刮刀輕輕攪拌至完全看不到粉末顆粒，再用手把
　　　麵團揉成團。

2　2-1 在工作桌上灑上手粉，並放上步驟 1-3 的麵團，以刮刀將麵團切成 7 至 8 塊，然
　　　後用手把麵團揉成圓形。

　　|T|I|P|
　　在把麵團揉成圓形時，其他麵團蓋上塑膠袋，以避免麵團乾掉。

　　2-2 用手掌將步驟 2-1 的麵團壓扁。

　　2-3 用叉子在壓扁的麵團上輕輕畫出幾道痕跡。

3　3-1 將步驟 2-3 的麵團以一定的間隔放到鋪了烤盤布的烤盤上。

　　3-2 將麵團放入以 175 度 C 預熱的烤箱裡烤 15 至 17 分鐘，烤好後
　　　取出、放在冷卻網上散熱。

|T|I|P|
如果烤到一半覺
得餅乾顏色太
深，可以在上面
蓋一張烘焙紙再
繼續烤。

肉桂巧克力
餅乾

我利用肉桂粉獨特的清香，再加上甜甜的可可粉，做成這款口感絕佳的肉桂巧克力餅乾。
高雅的香味與色澤，也讓這款肉桂巧克力餅乾成為非常適合用來送禮的點心。而我個人
非常喜歡肉桂的味道，所以也很喜歡這款餅乾。

食材－20片份（直徑6公分）

- 全麥麵粉 90 克
- 可可粉 20 克
- 杏仁粉 10 克
- 肉桂粉、泡打粉各 2 克
- 鹽 1 克
- 植物油 30 克
- 糖漿 45 克
- 手粉（全麥麵粉）適量

事前準備

- 麵團放入烤箱前 20 分鐘先用 175 度 C 預熱。
- 將烘焙紙或烤盤布鋪在烤盤上。

<u>1</u>　1-1 將全麥麵粉、可可粉、杏仁粉、肉桂粉、泡打粉和鹽倒入調理盆。

　　1-2 用攪拌器將步驟 1-1 拌勻，再用細網眼的篩網篩一遍。

　　1-3 將植物油、糖漿倒入另一個調理盆中，用攪拌器拌勻後，再分 2 至 3 次倒入步驟 1-2 的調理盆中，接著以刮刀輕輕攪拌至完全看不見粉末顆粒。

　　1-4 用雙手將步驟 1-3 的麵團揉成團，接著在工作桌上灑一點手粉，再把麵團放到桌上。

<u>2</u>　2-1 用擀麵棍將工作桌上的麵團擀成 0.5 公分厚。

　　2-2 用模具將麵團切出餅乾形狀，並以一定的間隔放到鋪有烤盤布的烤盤上。

<u>3</u>　3-1 將麵團放入以 175 度 C 預熱的烤箱裡烤 15 至 17 分鐘，烤好後取出、放在冷卻網上散熱。

|T|I|P|
如果沒有餅乾模具，就切成適當的大小即可。

花椰菜餅乾

鹹餅乾吃起來比甜餅乾更清爽，而且薄薄的一片口感十分酥脆。我雖然不太容易嘴饞，但偶爾還是會遇到非常想吃餅乾的時刻，這時我有一個很快能完成的餅乾食譜，不僅能攝取具抗氧化物質、大量鈣質的花椰菜，而且吃起來又香又爽口，讓人忍不住一口接一口！也可以用冰箱裡剩餘的蔬菜來代替花椰菜喔。

食材－40片份（3 × 3公分）

○　全麥麵粉 160 克
○　花椰菜 100 克
○　豆漿 30 克
○　鹽 2 克
○　植物油 20 克
○　胡椒粉 1 茶匙
○　手粉（全麥麵粉）適量

事前準備

○　麵團放入烤箱前 20 分鐘先用 160 度 C 預熱。
○　將烘焙紙或烤盤布先鋪在烤盤上。

1
製作
麵團

1-1-1 1-1-2

1-2-1 1-2-2   1-2-3

1-3-1 1-3-2   1-3-3

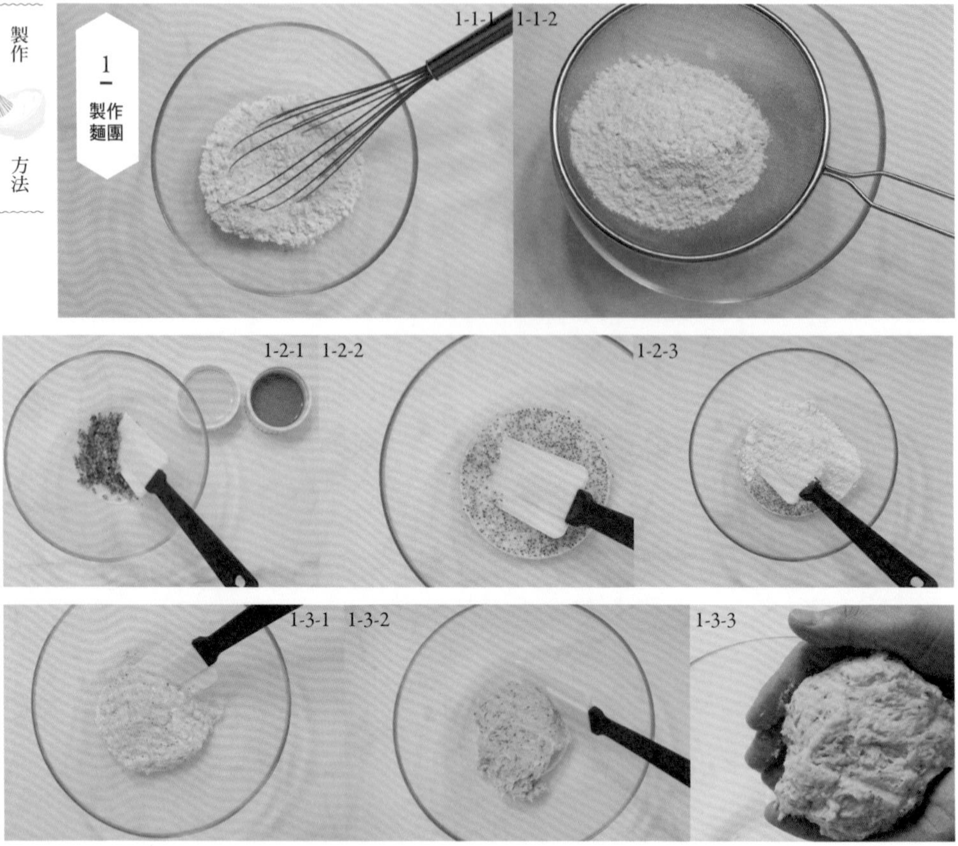

1 1-1 將全麥麵粉、鹽和胡椒粉倒入調理盆中，以攪拌器輕輕拌勻，再用細網眼的篩
   網篩一次。
   1-2 將花椰菜蒸過之後，加入豆漿、植物油並用果汁機打成泥，再倒入步驟 1-1 中。
   1-3 用刮刀朝同一個方向攪拌，直到完全看不到粉末顆粒，再用雙手把麵團揉成團。

2-1

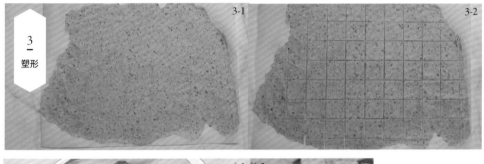

3-1

3-2

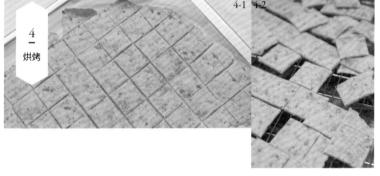

4-1 4-2

2 2-1 將揉成圓形的麵團放入容器裡，蓋上蓋子後放進冰箱休息 10 至 20 分鐘。

3 3-1 在工作桌上灑一點手粉，並將休息好的麵團拿出來放在桌上，以擀麵棍擀到最薄。

3-2 用刮板把步驟 3-1 的麵團切成小正方形，然後再放到鋪了烤盤布的烤盤上。

4 4-1 將步驟 3-2 的麵團放入以 160 度預熱好的烤箱裡烤 15 至 17 分鐘。

4-2 將烤好的餅乾放在冷卻網上散熱。

紫地瓜餅乾

看到地瓜，就會想起幾年前第一次在田裡種紫地瓜的事情。因為不知道該怎麼種才對，所以只是隨便種一下，然後把長出來的地瓜葉摘來吃。結果收成那天才發現，長出來的地瓜大小參差不齊有夠難看，不過能夠成功收成就已經讓我感激涕零了。

雖然收穫量不大，但當時十分著迷於烘焙的我，還是利用那些紫地瓜開發出這個食譜。這款餅乾帶著紫色地瓜的甜，又有著美麗的顏色，可說是我想自己珍藏的獨門食譜。

食材－30片份（3 × 6公分）

- 全麥麵粉 160 克
- 紫地瓜 100 克
- 泡打粉、鹽各 1 克
- 豆漿、植物油各 40 克

事前準備

- 麵團放入烤箱前 20 分鐘先用 170 度 C 預熱。
- 將烘焙紙或烤盤布鋪在烤盤上。

1 1-1 將全麥麵粉、泡打粉、鹽倒入調理盆中，以攪拌器輕輕拌勻，再用細網眼的篩
    網篩一次。

   1-2 將紫色地瓜洗乾淨煮熟後再壓成泥，放涼備用。

   1-3 將步驟 1-2 的地瓜泥和豆漿、植物油倒入果汁機裡打勻，再倒入步驟 1-1 中，以
    刮刀輕輕攪拌至完全看不見粉末顆粒。用手揉成團。

2 2-1 將揉好的麵團放入容器裡，蓋上蓋子後放進冰箱休息 10 至 20 分鐘。

3-1 3-2

3
—
塑形

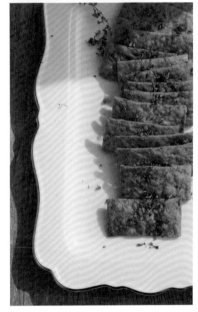

4-2

4
—
烘烤

3　3-1 在工作桌上鋪烤盤布，放上麵團，並以擀麵棍盡量擀到最薄。
—
　　3-2 用刮板把步驟 3-1 的麵團切成 3×6 公分的小長方形。

4　4-1 把烤盤布鋪在烤盤上，並以一定的間隔將切好的麵團放上去。
—
　　4-2 將麵團放入以 170 度 C 預熱的烤箱裡烤 15 至 17 分鐘，烤好後再取出、放到
　　　　冷卻網上散熱。

　　|T|I|P|
　　紫地瓜沒有一般地瓜那麼甜，如果想要餅乾更甜一點，建議紫地瓜可以先烤過再加入麵團。

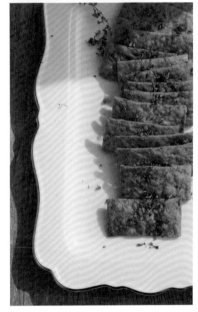

艾草餅乾

因為我很怕冷，媽媽在各方面都很注意不要讓我受寒，其中之一就是在料理中
使用艾草這種食材，我也自然而然開始喜歡有加艾草的食物。
而為了要能夠經常且迅速地做加了艾草的料理來吃，
我便想出這款艾草餅乾的食譜。
艾草和米是絕佳的組合，在我的想像中，艾草應該也很適合搭配小麥，
實際做了才發現，成品居然比我預期的還要好吃，這也讓我在第一次成功做出
艾草餅乾的那天，嘴角始終帶著淡淡的微笑。
艾草餅乾雖然有著微微的苦澀，但味道不是太強烈，
反而能夠幫助提振食欲喔。

食材－30片份（3 × 6公分）

全麥麵粉、豆漿各 150 克，艾草粉 10 克，原糖 20 克，鹽 2 克，植物油 30 克，
手粉（全麥麵粉）適量

事前準備

。麵團放入烤箱前 20 分鐘先用 160 度 C 預熱。
。將烘焙紙或烤盤布鋪在烤盤上。

製作方法

<u>1</u> 1-1 將全麥麵粉、艾草粉和鹽倒入調理盆中，以攪拌器輕輕拌勻，再用細網眼的篩網篩一次。

1-2 將豆漿、植物油、原糖倒入另一個調理盆中，並以攪拌器拌勻。

1-3 將步驟 1-2 分 2 到 3 次倒入步驟 1-1 的調理盆中，並以刮刀攪拌至看不見粉末顆粒，然後再用手將麵團揉成團。

<u>2</u> 2-1 將揉好的麵團放入容器中，蓋上蓋子後放入冰箱休息 10 至 20 分鐘。

<u>3</u> 3-1 將烤盤布鋪在工作桌上，把休息好的麵團放在上面，並以擀麵棍盡量擀到最薄。

3-2 用刮板把步驟 3-1 的麵團切成 3×6 公分的小正方形。

<u>4</u> 4-1 將步驟 3-2 的麵團放到烤盤上，用叉子以一定的間隔在麵團上戳出小洞。

4-2 放入以 160 度 C 預熱好的烤箱中烤 15 至 17 分鐘，烤好後再放到冷卻網上散熱。

咖哩餅乾

平時喜歡咖哩的人，可以試試看這款獨特的咖哩餅乾。隱約的咖哩香氣，與香芹味道十分合襯，是清香又爽口的特殊風味餅乾。

食材－30片份（3 × 6公分）

- 全麥麵粉 160 克
- 咖哩粉、香芹粉各 1 匙
- 豆漿 70 克
- 鹽 1 克
- 原糖 20 克
- 植物油 30 克

事前準備

- 麵團放入烤箱前 20 分鐘先用 160 度 C 預熱。
- 將烘焙紙或烤盤布鋪在烤盤上。

編按：圖中示範成品是
以圓形模製作

製作

方法

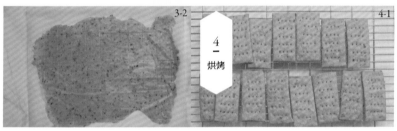

1　1-1 將全麥麵粉、咖哩粉、香芹粉和鹽倒入調理盆中，以攪拌器輕輕拌勻，再用細
網眼的篩網篩一次。

1-2 將準備好的豆漿、植物油和原糖倒入另一個調理盆中，並以攪拌器拌勻後，再
倒入步驟 1-1 中，接著以刮刀輕輕攪拌。

1-3 將步驟 1-2 的麵團拿起來，用手揉成團。

2　2-1 將揉好的麵團放入容器中，蓋上蓋子後放進冰箱休息 10 至 20 分鐘。

3　3-1 將烤盤布鋪在工作桌上，把休息好的麵團放在上面，並以擀麵棍盡量擀成薄的
長方形。

3-2 用刮板把步驟 3-1 的麵團切成 3 × 6 公分的小長方形。

|T|I|P|

餅乾的形狀可依個人喜好用餅乾模具去切，也可以用叉子在麵團上以一定間隔戳出小洞做裝飾。

3-3 將烤盤布鋪在烤盤上，再把切好的麵團以一定的間隔放到烤盤上。

4　4-1 放入以 160 度 C 預熱好的烤箱中烤 15 至 17 分鐘，烤好再放到冷卻網上散熱，
最後再灑上香芹粉。

無花果馬芬

這款加入無花果乾的馬芬不僅能吃到無花果籽,更具備彈牙的口感。有時候一整天忙下來,總會不小心錯過用餐時間,這時就把事先準備好的冷凍無花果馬芬拿出來,稍微用烤箱加熱來吃,無花果的甜就能幫你驅散疲勞、填飽肚子。

食材－6個份(直徑8公分,高4公分)

- 全麥麵粉 150 克
- 泡打粉 3 克
- 無花果乾、豆漿各 70 克
- 鹽 1 克
- 植物油 35 克
- 糖漿 30 克

事前準備

- 先把馬芬用烘焙紙放入馬芬模具中。
- 麵糊放入烤箱前 20 分鐘先用 180 度 C 預熱。
- 留下兩個裝飾用的無花果乾,剩下的切成 4 等分。
- 把裝飾用的無花果乾切成薄片。
- 可以用龍舌蘭糖漿、楓糖漿、果糖來取代白糖漿。

1-1-1 1-1-2

1-2 1-3

1 製作麵糊

2 裝模 2-1

3 烘烤 3-1

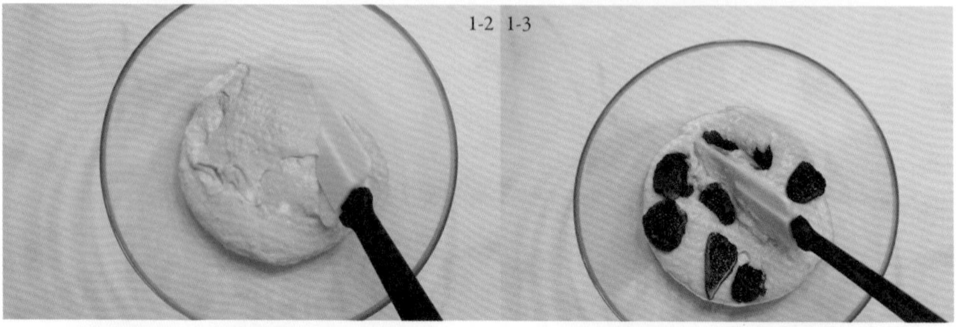

<u>1</u>　1-1 將全麥麵粉、泡打粉和鹽倒入調理盆中，以攪拌器輕輕拌勻，再用細網眼的篩網篩一次。

　　1-2 將豆漿倒入另一個調理盆中，接著將植物油分 2 至 3 次倒入，將豆漿與植物油拌勻後再加入糖漿拌勻。

　　1-3 將步驟 1-1 的麵粉分 2 至 3 次倒入步驟 1-2 的豆漿中，並以刮刀攪拌至完全看不見粉末顆粒，再把切成四等分的無花果乾倒進去，輕輕地拌在一起。

<u>2</u>　2-1 將麵糊裝至模具約三分之二的高度，再放上切成薄片的裝飾用無花果。

<u>3</u>　3-1 將麵團放入以 180 度 C 預熱的烤箱烤 15 至 20 分鐘，烤好後將馬芬脫模，放到冷卻網上散熱。

巧克力馬芬

這是一款完全沒有任何添加物、好消化且能夠安心品嘗的馬芬，豆腐這項食材還讓馬芬多了豐富的蛋白質，可說是營養滿分的甜點。為了喜歡吃甜食的人，我特別加了一些可可粉做成巧克力口味。

食材－6個份（直徑8公分，高度4公分）

- 全麥麵粉 90 克
- 可可粉、豆腐 各 40 克
- 泡打粉 3 克
- 巧克力豆 50 克
- 豆漿 100 克
- 鹽 2 克
- 原糖 50 克
- 植物油 35 克
- 裝飾用巧克力適量

事前準備

- 用廚房紙巾將豆腐的水吸乾。
- 把馬芬用烘焙紙放入馬芬模具中。
- 麵糊放入烤箱前 20 分鐘先用 180 度 C 預熱。

<u>1</u>　1-1 將全麥麵粉、可可粉、泡打粉和鹽倒入調理盆中，以攪拌器輕輕拌勻，再用細
　　　網眼的篩網篩一次。

　　1-2 將豆腐、豆漿和植物油倒入另一個調理盆中，並以攪拌器一邊將豆腐壓成泥一
　　　邊攪拌，接著再倒入原糖並以刮刀拌勻。

　　1-3 將步驟 1-1 的麵粉分 2 至 3 次倒入步驟 1-2 的豆腐泥中，並以刮刀攪拌至完全看
　　　不見粉末顆粒，最後放入巧克力豆，再以刮刀輕輕攪拌。

<u>2</u>　2-1 以擠花袋將麵糊擠入馬芬模具中，大約擠到模具的三分之二高度，再用刮板把
　　　表面弄平整，最後放上一塊裝飾用巧克力。

　　|T|I|P|
　　麵糊裝入擠花袋時，應該拿一個較深的容器，將擠花袋鋪在裡面，再倒入麵糊或以刮板一匙一匙
　　裝入。最後再用刮板把麵糊推至擠花袋前端，並用橡皮筋將擠花袋口綁住，這樣使用時麵糊才不
　　會從後面漏出來。

　　2-2 放入以 180 度 C 預熱的烤箱烤 15 至 20 分鐘，烤好後脫模，放到冷卻網上散熱。

南瓜馬芬

由於我經營的農場屬於開放式,所以直到開始經營週末農場滿兩年時,
才發現南瓜經常在即將收成之前憑空消失。對當時的我來說,種植南瓜並不是
容易的事,居然還發生這種事,一開始我很氣那個偷南瓜的人,
但後來轉念一想,
覺得「不管是誰拿走,反正他吃得開心就好」,就開始沒那麼在意了。
後來我學會了煮熟整顆南瓜的方法,更會處理南瓜了。
如今每當面對南瓜時,我總會試著回想起當時的心情。
我想試著用這款甜甜的南瓜馬芬來分享我的心意。

食材－6個份(直徑8公分,高4公分)

全麥麵粉 150 克,泡打粉 3 克,南瓜 100 克,豆漿 60 克,鹽 2 克,
植物油 35 克,原糖 30 克

事前準備

。南瓜蒸熟後,切成 1 公分小丁及薄片(裝飾用)。
。把馬芬用烘焙紙放入馬芬模具中。
。麵糊放入烤箱前 20 分鐘先用 180 度 C 預熱。

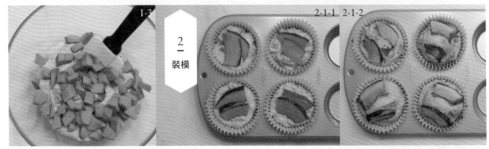

1
製作
麵糊

1-1 1-2

1-3

2
裝模

2-1-1 2-1-2

3
烘烤

1　1-1 將全麥麵粉、泡打粉、鹽和原糖倒入調理盆中，以攪拌器輕輕拌勻。

　　1-2 將步驟 1-1 的麵粉以細網眼的篩網篩一次。將豆漿倒入另一個調理盆，接著將植物油分 2 至 3 次倒入，並輕輕將豆漿與植物油拌勻。

　　1-3 將篩過的麵粉分 2 至 3 次倒入豆漿中，同時以刮刀輕輕攪拌，直到看不見粉末顆粒，接著再倒入南瓜，輕輕攪拌以免南瓜碎掉。

2　2-1 將步驟 1-3 的麵糊裝入馬芬模具中，大約裝到模具的三分之二高度即可，放上裝飾用的南瓜片。

　　|T|I|P|
　　裝麵糊時可以用湯匙或冰淇淋勺，這些都很適合用來代替擠花袋。

3　3-1 放入以 180 度 C 預熱好的烤箱中烤 15 至 20 分鐘，烤好之後即可脫模放到冷卻網上散熱。

　　|T|I|P|
　　以竹籤戳馬芬的正中央，如果竹籤沒有沾到麵糊，就表示烤熟了。

蘆筍馬芬

我曾經有一次一口氣播了兩百顆蘆筍種子，最後真正發芽的卻只有五顆。如今我種植這些難照顧的珍貴蘆筍已經邁入第五年，而事實上一直到開始種蘆筍的第三年，我才種出能夠收成的蘆筍，不過我並不覺得這段時間很漫長。看著在大自然中慢慢成長的蘆筍，能夠讓我那顆急躁的心穩定下來，也讓我明白漫長的等待都能獲得回報，我想這也是蘆筍被稱為「等待的蔬菜」的原因。

我在這款馬芬中加入汆燙過的蘆筍，不僅能保留蘆筍鮮脆的口感，同時又能均衡攝取到維生素 C、鉀等礦物質，在營養方面也毫不遜色。

食材－6個份（直徑8公分，高4公分）

- 全麥麵粉 170 克
- 泡打粉 3 克
- 蘆筍 6 根
- 豆漿 60 克
- 鹽 1 克
- 植物油 30 克
- 原糖 10 克
- 裝飾用蘆筍 6 根

事前準備

- 把馬芬用烘焙紙放入馬芬模具中。
- 麵糊放入烤箱前 20 分鐘，先用 180 度 C 預熱。
- 蘆筍先用滾水稍微燙一下再切成丁狀。
- 將裝飾用蘆筍切成適當長度。

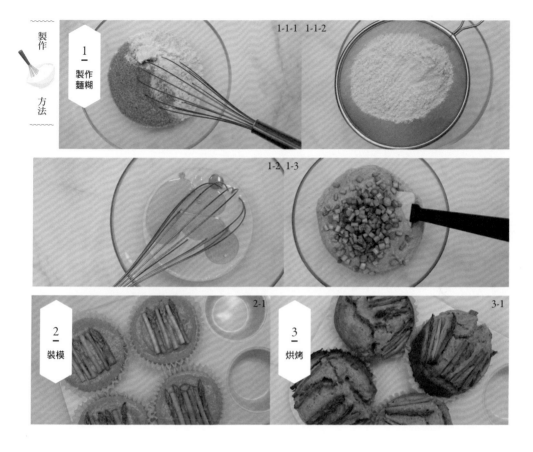

1　1-1 將全麥麵粉、泡打粉、鹽和原糖倒入調理盆中，以攪拌器輕輕拌勻，再以細網
　　　眼的篩網篩一次。

　　1-2 將豆漿倒入另一個調理盆中，接著將植物油分 2 至 3 次倒入，並輕輕將豆漿與
　　　植物油拌勻。

　　1-3 將步驟 1-2 的豆漿倒入步驟 1-1 的麵粉中，以刮刀輕輕攪拌至看不見粉末顆粒，
　　　再加入蘆筍丁並輕輕攪拌。

2　2-1 將麵糊倒入馬芬模具中，大約裝至模具三分之二的高度，然後再把切成適當長
　　　度的裝飾用蘆筍放上去。

3　3-1 將步驟 2-1 裝好的麵糊，放入以 180 度 C 預熱的烤箱中烤 15 至 20 分鐘，烤好
　　　之後脫模，放到冷卻網上散熱。

櫛瓜馬芬

我之所以成為都市農夫，其實是因為想用自己親手栽種的蔬菜準備一整桌的飯菜。現在回想起當時的事，才發現自己真的是一心一意地努力到現在，不過也因為很多事並不如想像中那麼順利，所以我當然也曾經遭遇低潮。那是一段希望事事完美、卻不斷碰壁的時期。當時我總是一邊打理菜田，一邊等待時間沖淡這些內心的傷痛，在這過程中我也了解到，有些事物的存在本身就十分耀眼，完不完美倒是其次。

第一次栽種的櫛瓜，在我這個農活新手的疏忽之下錯過了收成期，變成籽超大顆、味道也很差的醜八怪，但其實就連醜八怪這個名字，我都覺得充滿了愛意，櫛瓜可說是我用愛灌溉的一種蔬菜。

接下來要跟大家介紹的這款馬芬，加入了能在炎炎夏日幫助你更開胃的甜甜櫛瓜，完全可以取代正餐喔。

食材－6個份（直徑8公分，高度4公分）

- 全麥麵粉 170 克
- 泡打粉 3 克
- 櫛瓜 1/2 條
- 豆漿 50 克
- 鹽 1 克
- 植物油 30 克
- 原糖 10 克
- 裝飾用櫛瓜 1/2 條

事前準備

- 把馬芬用烘焙紙放入馬芬模具中。
- 麵糊放入烤箱前 20 分鐘先用 180 度 C 預熱。
- 將 1/2 條櫛瓜洗乾淨，把水擦乾後切成細絲。
- 先將裝飾用櫛瓜切成約 0.5 公分的片狀。

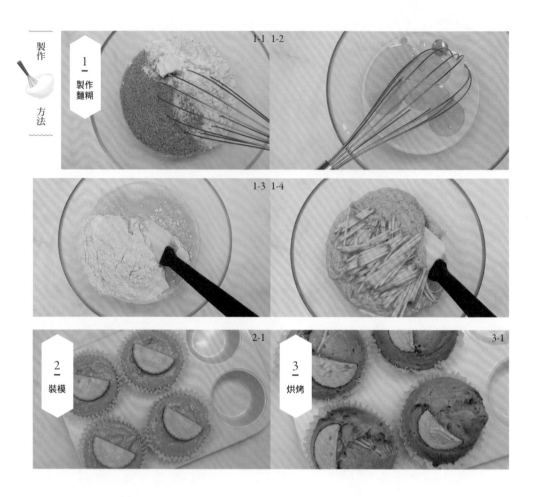

1 製作麵糊

1-1 1-2

1-3 1-4

2 裝模

2-1

3 烘烤

3-1

<u>1</u>　1-1 將全麥麵粉、泡打粉、鹽和原糖倒入調理盆中，以攪拌器輕輕拌勻，再以細網
　　　眼的篩網篩一次。

　　1-2 將豆漿倒入另一個調理盆中，接著將植物油分 2 至 3 次倒入，並輕輕將豆漿與
　　　植物油拌勻。

　　1-3 將步驟 1-2 倒入步驟 1-1 中，以刮刀輕輕攪拌至看不見粉末顆粒。

　　1-4 再把切好的櫛瓜絲加進去拌勻。

<u>2</u>　2-1 將麵糊倒入馬芬模具中，大約裝至模具三分之二的高度，再放上裝飾用的櫛瓜
　　　片。

<u>3</u>　3-1 將步驟 2 放入以 180 度 C 預熱的烤箱中烤 15 至 20 分鐘，烤好後脫模、放到冷
　　　卻網上散熱。

檸檬瑪德蓮

據說瑪德蓮這個名字，是最早做出這款糕點的法國少女的名字。我在傳統的瑪德蓮裡加了一點檸檬，一口咬下加了檸檬汁與檸檬皮的瑪德蓮時，那股清爽的檸檬香讓人感覺十分舒暢。

食材－8個份（基本瑪德蓮模具）

- 全麥麵粉、豆漿各 100 克
- 杏仁粉 20 克
- 泡打粉 4 克
- 鹽 2 克
- 原糖、植物油各 30 克
- 檸檬汁 5 克
- 檸檬皮 10 克

事前準備

- 麵粉、杏仁粉、泡打粉都先篩過。
- 以矽膠刷在瑪德蓮模具內部均勻塗抹植物油。
- 麵糊放入烤箱前 20 分鐘以 175 度 C 預熱。

1-1-1 1-1-2

1-2 1-3

1
—
製作
麵糊

2
—
讓麵糊
休息

1 1-1 將全麥麵粉、杏仁粉、泡打粉、鹽和原糖倒入調理盆中,以攪拌器輕輕拌勻,
再用細網眼的篩網篩一次。

1-2 將豆漿、檸檬汁倒入另一個調理盆中,接著分 2 至 3 次將植物油倒入,拌勻之
後再加入檸檬皮輕輕攪拌。

1-3 將步驟 1-2 分 2 至 3 次倒入步驟 1-1 中,並以刮刀輕輕攪拌至看不見粉末顆粒。

2 2-1 用保鮮膜把步驟 1-3 的麵糊包起來,放進冰箱裡休息 20 分鐘。

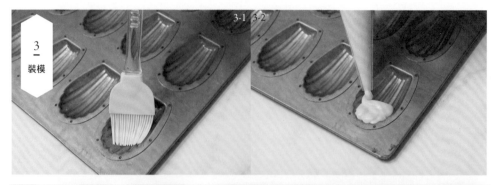

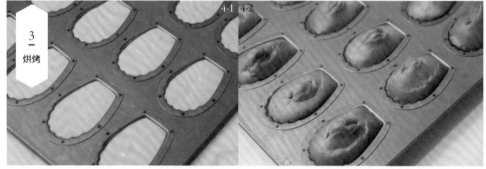

3　3-1 將麵糊從冰箱拿出來裝入擠花袋中，並用橡皮筋把擠花袋的開口綁起來。記得
　　　先在模具內側抹一點植物油。
　　3-2 把麵糊擠入瑪德蓮模具中，大約擠至九分滿即可。

4　4-1 放入以 175 度 C 預熱好的烤箱中烤 15 分鐘。
　　4-2 烤好後不要脫模，放到冷卻網上，直接連模具一起放著散熱就好。

|T|I|P|
不脫模是因為剛烤好就放到冷卻網上，瑪德蓮表面會壓出冷卻網的網痕，同時也可以利用模具殘
留的熱度，讓瑪德蓮的濕潤感維持得久一些。

巧克力
瑪德蓮

講到烘焙點心，自然而然就會想到瑪德蓮，它也是一款經典法式茶點。中間微微膨起，形似扇貝的獨特造型，讓瑪德蓮看起來更加美味。接下來我要介紹一款特別加入可可粉、風味絕佳的巧克力瑪德蓮。

食材－8個份（基本瑪德蓮模具）

◦ 全麥麵粉 80 克
◦ 杏仁粉、可可粉各 20 克
◦ 泡打粉 4 克
◦ 豆漿 100 克
◦ 鹽 2 克
◦ 原糖、植物油各 30 克

事前準備

◦ 麵粉、杏仁粉、泡打粉、可可粉都先篩過。
◦ 用矽膠刷在瑪德蓮模具內部均勻塗抹植物油。
◦ 麵糊放入烤箱前 20 分鐘先以 175 度 C 預熱。

1
製作
麵糊

1-1 1-2-1   1-2-2

1-2-3 1-3-1   1-3-2

1-4-1 1-4-2

<u>1</u>　1-1 將全麥麵粉、杏仁粉、可可粉、泡打粉、鹽和原糖倒入調理盆中。

1-2 以攪拌器輕輕拌勻，再用細網眼的篩網篩一次。

1-3 將豆漿倒入另一個調理盆中，接著分 2 至 3 次將植物油倒入並拌勻。

1-4 將步驟 1-3 分 2 至 3 次倒入步驟 1-2 的麵粉中，並以刮刀輕輕攪拌至看不見粉末
顆粒。

2   2-1 用保鮮膜把步驟 1-4 包起來，放進冰箱裡休息 20 分鐘。

3   3-1 將休息過的麵糊從冰箱拿出來裝入擠花袋中，並用橡皮筋把擠花袋的開口綁起來，再把麵糊擠入瑪德蓮模具中。

    3-2 麵糊大約擠至模具的九分滿即可。

    3-3 放入以 175 度 C 預熱好的烤箱中烤 15 分鐘，烤好之後不要脫模，直接連模具一起放著散熱。

    | T | I | P |

    不脫模是因為剛烤好就放到冷卻網上，瑪德蓮表面會壓出冷卻網的網痕，建議可以在平整的桌面上鋪烤盤布，再把瑪德蓮連模具一起放著散熱。

柚子瑪德蓮

這是從傳統的檸檬瑪德蓮發想而來的柚子瑪德蓮,由於使用的不是新鮮柚子,而是手工柚子醬,所以除了柚子的酸之外還多了一股甜。瑪德蓮柔軟的口感搭配柚子獨特的清爽,能夠品嘗到有別於檸檬瑪德蓮的美味。讓我們一起來享受在吹著涼風的柚子樹林裡散步的感覺吧!

食材－8個份(基本瑪德蓮模具)

- 全麥麵粉 80 克
- 杏仁粉、玉米粉各 20 克
- 柚子醬 70 克
- 泡打粉 4 克
- 豆漿 100 克
- 鹽 2 克
- 原糖、植物油各 30 克

事前準備

- 如果沒有手工柚子醬,請準備市售的柚子醬。
- 麵粉、杏仁粉、玉米粉、泡打粉都先篩過。
- 用矽膠刷在瑪德蓮模具內部均勻塗抹植物油。
- 麵糊放入烤箱前 20 分鐘先以 180 度 C 預熱。

1 1-1 將全麥麵粉、杏仁粉、玉米粉、泡打粉、鹽和原糖倒入調理盆中,以攪拌器輕
　　輕拌勻,然後再用細網眼的篩網篩一次。

　1-2 將豆漿和柚子醬倒入另一個調理盆中,以攪拌器輕輕拌勻,再分 2 至 3 次倒入
　　植物油並拌勻。

　1-3 將步驟 1-2 倒入步驟 1-1 的麵粉中,並以刮刀輕輕攪拌至看不見粉末顆粒。

2 2-1 用保鮮膜把步驟 1-3 的麵糊包起來,放進冰箱裡休息 20 分鐘。

3 3-1 將麵糊從冰箱拿出來,裝入擠花袋中,接著把麵糊擠進已經塗好植物油的瑪德
　　蓮模具中,麵糊大約擠至模具的九分滿即可。

　3-2 將步驟 3-1 的麵糊放入以 180 度 C 預熱的烤箱烤 10 分鐘,烤好後不要脫模,直
　　接連模具一起放到冷卻網上散熱。

　|T|I|P|
　不脫模是因為剛烤好就放到冷卻網上,瑪德蓮表面會壓出冷卻網的網痕,建議可以在平整的桌面
　上鋪烤盤布,再把瑪德蓮連模具一起放著散熱。

抹茶瑪德蓮

雖然我偶爾會坐在咖啡廳裡望著窗外放空發呆，不過更多時候是會帶著筆記型電腦跟要處理的工作獨自前往咖啡廳。埋首於工作一段時間後總會有點餓，這時我會拿出自己做的瑪德蓮來享用。空腹吃甜甜的烤餅乾可能會讓肚子不太舒服，所以肚子餓的時候，我推薦不會太甜又很適合當茶點的抹茶瑪德蓮。

8個份（基本瑪德蓮模具）

- 全麥麵粉 100 克
- 杏仁粉 10 克
- 抹茶粉 20 克
- 泡打粉 4 克
- 豆漿 120 克
- 鹽 2 克
- 原糖 25 克
- 植物油 30 克

事前準備

- 麵粉、杏仁粉、抹茶、泡打粉都先篩過。
- 在瑪德蓮模具內均勻塗抹植物油。
- 麵糊放入烤箱前 20 分鐘先以 175 度 C 預熱。

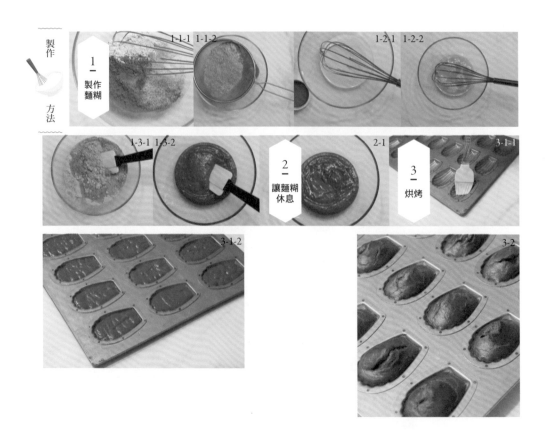

1　　1-1 將全麥麵粉、杏仁粉、抹茶粉、泡打粉、鹽和原糖倒入調理盆中，以攪拌器輕
　　　　輕拌勻，再用細網眼的篩網篩一次。

　　　1-2 將豆漿倒入另一個調理盆中，接著分 2 至 3 次倒入植物油並拌勻。

　　　1-3 將步驟 1-2 倒入步驟 1-1 中，並以刮刀輕輕攪拌至看不見粉末顆粒。

2　　2-1 用保鮮膜把步驟 1-3 包起來，放進冰箱裡休息 20 分鐘。

3　　3-1 將麵糊從冰箱拿出來，接著把麵糊擠進已經塗好植物油的瑪德蓮模具中，大約
　　　　擠至模具的九分滿即可。

　　　3-2 將麵糊放入以 175 度 C 預熱的烤箱烤 15 分鐘，烤好之後不要脫模，直接連模具
　　　　一起放著散熱。

黃豆粉
瑪德蓮

我們家是個大家庭，有父母親和六個兄弟姊妹，大家都非常喜歡麵包跟年糕。在各式各樣的年糕中，我最喜歡的是裹了大量黃豆粉的打糕，於是我也試著用原味瑪德蓮去裹黃豆粉，進而開發出這款吃起來不會太乾、又兼具黃豆粉香味的瑪德蓮。

食材－8個份（基本瑪德蓮模具）

- 全麥麵粉、豆漿各 100 克
- 杏仁粉 10 克
- 泡打粉 4 克
- 鹽 2 克
- 黃豆粉、原糖、植物油各 30 克
- 裝飾用黃豆粉適量

事前準備

- 全麥麵粉、杏仁粉、黃豆粉、泡打粉都先過篩。
- 將植物油均勻塗抹在瑪德蓮模具內。
- 麵糊放入烤箱前 20 分鐘先以 175 度 C 預熱。

1　1-1 將全麥麵粉、杏仁粉、黃豆粉、泡打粉、鹽和原糖倒入調理盆中，以攪拌器輕
　　　輕拌勻，再用細網眼的篩網篩一次。

　　1-2 將豆漿倒入另一個調理盆中，接著分 2 至 3 次倒入植物油並拌勻。

　　1-3 將步驟 1-2 倒入步驟 1-1 的麵粉中，並以刮刀輕輕攪拌至看不見粉末顆粒。

2　2-1 用保鮮膜把步驟 1-3 包起來，放進冰箱裡休息 20 分鐘。

3　3-1 將麵糊從冰箱拿出來，接著把麵糊擠進塗好植物油的瑪德蓮模具中，大約擠至
　　　模具的九分滿即可。

　　3-2 將麵糊放入以 175 度 C 預熱的烤箱烤 15 分鐘，烤好之後不要脫模，直接連模具
　　　一起放著散熱。

　　|T|I|P|
　　剛烤好的瑪德蓮若立刻脫模放到冷卻網上，表面就會壓出冷卻網的網痕，所以建議在平整的桌面
　　上鋪烤盤布，再把瑪德蓮連模具一起放著散熱。

　　3-3 瑪德蓮散熱後即可脫模，放在烤盤布上再均勻撒上黃豆粉，這樣就完成了。

紫地瓜
磅蛋糕

在蛋糕中加入整顆帶皮的甜地瓜不僅營養豐富，紅色的外皮還能讓蛋糕看起來更加美味。此外，地瓜豐富的膳食纖維還能帶給人飽足感，只吃一塊也能飽餐一頓喔。

食材－1個份（17 × 8 × 6公分）

- 全麥麵粉 110 克
- 泡打粉 4 克
- 紫地瓜 120 克
- 豆漿 100 克
- 鹽 2 克
- 原糖 40 克
- 植物油 20 克

事前準備

- 將紫地瓜洗乾淨之後燙熟，再連皮一起壓成泥。
- 麵糊放入烤箱前 20 分鐘先以 175 度 C 預熱。
- 在磅蛋糕模具中鋪烘焙紙或塗抹植物油。

|T|I|P|

最好選擇沒有碰傷、外皮光滑且結實的紫地瓜。

1　1-1 將全麥麵粉、泡打粉、鹽和原糖倒入調理盆中，用攪拌器輕輕拌勻，再用細網
　　　眼的篩網篩一次。

　　1-2 將豆漿倒入另一個調理盆中，並將植物油分 2 至 3 次倒入，同時一邊攪拌，再
　　　把地瓜泥倒進去拌勻。

　　1-3 將步驟 1-1 的麵粉倒入步驟 1-2 的調理盆中，以刮刀攪拌至看不見粉末顆粒為止。

2　2-1 將步驟 1-3 的麵糊倒入磅蛋糕模具中，用刮板將表面整平後，輕敲模具以讓麵糊
　　　能夠均勻分布在模具當中。

3　3-1 將步驟 2-1 的麵糊放入已預熱的烤箱中烤 20 至 25 分鐘，烤好後將模具倒扣讓蛋
　　　糕脫模，然後再放到冷卻網上散熱。

　　|T|I|P|
　　用竹籤從蛋糕中間戳進去，如果竹籤上沒有沾附麵糊，就表示蛋糕烤熟了。

檸檬磅蛋糕

每天睡覺前,我都會回想今天一天令人感激的事情,其中之一就是我能夠做自己喜歡的事。不過無論我再怎麼喜歡現在的工作,偶爾還是會因為排山倒海而來的工作而備感壓力,這時我會下意識想找酸酸甜甜的東西來吃,在這種心情下品嘗的檸檬磅蛋糕,那股酸甜滋味更能夠幫助我忘記疲勞。

食材－1個份(17 × 8 × 6公分)

- 全麥麵粉 110 克
- 泡打粉 4 克
- 檸檬皮、原糖各 50 克
- 檸檬汁 20 克
- 豆漿 100 克
- 鹽 2 克
- 植物油 30 克
- 裝飾用檸檬片適量

事前準備

- 把檸檬洗淨擦乾後,以削皮刀把皮削成細絲,剩下的果肉則擠成檸檬汁。

| T | I | P |
如果沒有削皮刀,也可以用刀子削下薄薄的檸檬皮,然後把檸檬皮薄片盡量切細絲。

- 麵糊放入烤箱前 20 分鐘先以 175 度 C 預熱。
- 先在磅蛋糕模具中鋪烘焙紙或塗抹植物油。

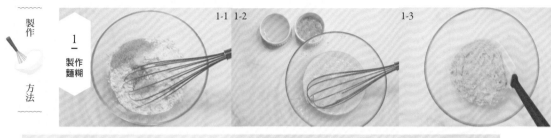

1-1 1-2   1-3

2-1 2-2

1 1-1 將全麥麵粉、泡打粉、鹽和原糖倒入調理盆中，用攪拌器輕輕拌勻，再用細網
眼的篩網篩一次。

1-2 將豆漿倒入另一個調理盆中，並將植物油分 2 至 3 次倒入並一邊攪拌，再加入
檸檬皮、檸檬汁並以刮刀輕輕拌勻。

1-3 將步驟 1-1 倒入步驟 1-2 的調理盆中，以刮刀攪拌至看不見粉末顆粒。

2 2-1 將步驟 1-3 倒入模具中，用刮板將表面刮平整，然後再輕敲一下模具，讓麵糊均
勻分布在模具中，放幾片檸檬片當作裝飾。

2-2 放入以 175 度 C 預熱的烤箱中烤 20 至 25 分鐘，烤好後脫模，並放到冷卻網上
散熱。

大蔥磅蛋糕

大蔥是一種種下去就可以多次收成，而且根、莖、葉全都很有用的植物，
尤其莖跟葉不僅能用於各式各樣的料理，更能夠用於烘焙。
而我接下來要介紹的，就是一款前所未見、全新風味的大蔥磅蛋糕。
小時候我媽媽總會用各種食材做菜給我吃，所以我吃過非常多種蔬菜，
不過也有幾種菜是我沒有品嚐過的，其中之一就是口感滑溜的大蔥。
而大蔥磅蛋糕裡的大蔥，會先曬乾再拿來使用，
這也使大蔥散發隱約的香味、口感更有嚼勁，吃起來十分順口。

食材－1個份（17 × 8 × 6公分）

全麥麵粉、豆漿各 110 克，泡打粉 4 克，大蔥 80 克，鹽 2 克，原糖 60 克，
植物油 30 克，裝飾用大蔥適量

事前準備

◦ 把大蔥切片，用平底鍋乾炒，然後其中一半烘乾。
◦ 麵糊放入烤箱前 20 分鐘先以 175 度 C 預熱。
◦ 先在磅蛋糕模具中鋪烘焙紙或塗抹植物油。

1-1-1 1-1-2

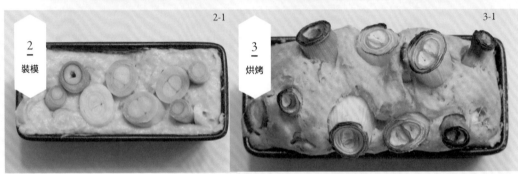

2-1

3-1

<u>1</u> 1-1 將全麥麵粉、泡打粉、鹽、原糖倒入調理盆中，用攪拌器輕輕拌勻，再用細網
眼的篩網篩一次。

1-2 將豆漿倒入另一個調理盆中，並將植物油分 2 至 3 次倒入，同時一邊攪拌。

1-3 將步驟 1-1 分 2 至 3 次倒入步驟 1-2 的調理盆中，以刮刀攪拌至看不見粉末顆粒
為止。

<u>2</u> 2-1 將步驟 1-3 的麵糊倒入模具中，用刮板將表面整平，然後再輕敲一下模具以讓麵
糊均勻分配，最後在上面放上裝飾用的大蔥。

<u>3</u> 3-1 將步驟 2-1 的麵糊放入以 175 度 C 預熱的烤箱中烤 20 至 25 分鐘，烤好後脫模，
並將蛋糕放到冷卻網上散熱。

|T|I|P|
用竹籤從蛋糕中央戳進去，如果竹籤上沒有沾到麵糊，就表示蛋糕已經烤熟了。

蘋果磅蛋糕

我非常熱愛水果，冰箱裡的水果源源不絕，尤其蘋果更是我的最愛，一天可以吃兩、三顆，自然不用說一定經常用蘋果做菜、烘焙。為了凸顯酸酸甜甜的蘋果香，我通常不會削皮，而是會連皮一起加進麵糊中。而一年四季都美味的蘋果，其實非常適合冬天享用。吃蘋果磅蛋糕時，總會讓我想起坐在暖爐前跟家人一起分享回憶，一邊配著熱茶享用磅蛋糕的情景，讓人希望時間能永遠停留在那一刻。

食材－1個份（17 × 8 × 6公分）

- 全麥麵粉 110 克
- 泡打粉 4 克
- 蘋果 1/2 顆
- 豆漿 130 克
- 鹽 2 克
- 原糖 40 克
- 植物油 30 克
- 裝飾用蘋果 1/4 顆

事前準備

- 蘋果切成 1 公分的小丁。
- 裝飾用蘋果也要切丁。
- 麵糊放入烤箱前 20 分鐘先以 175 度 C 預熱。
- 在磅蛋糕模具中鋪烘焙紙或塗抹植物油。

1   1-1 將全麥麵粉、泡打粉、鹽、原糖倒入調理盆中,用攪拌器輕輕拌勻,再用細網
       眼的篩網篩一次。

      1-2 將豆漿倒入另一個調理盆中,將植物油分 2 至 3 次倒入,同時一邊攪拌。

      1-3 將步驟 1-1 的麵粉分 2 至 3 次倒入步驟 1-2 的調理盆中,以刮刀攪拌至看不見粉
       末顆粒,再倒入切好的蘋果丁,用刮刀從底部慢慢翻攪均勻。

2   2-1 將步驟 1-3 的麵糊倒入模具中,用刮板將表面整平,然後再輕敲一下模具以讓麵
       糊均勻分配。

      2-2 將裝飾用蘋果丁均勻撒在麵糊上。

3   3-1 將步驟 2-2 的麵糊放入以 175 度 C 預熱的烤箱中烤 20 至 25 分鐘,烤好後脫模,
       並放到冷卻網上散熱。

      |T|I|P|
      用竹籤戳入蛋糕中央,如果竹籤上沒有沾到麵糊,就表示蛋糕已經烤熟了。

花椰菜咖哩
磅蛋糕

這是一款能夠品嘗到咖哩隱約香味及鮮脆蔬菜口感的磅蛋糕。除了花椰菜之外,也可以用蘆筍、櫛瓜、高麗菜、白花椰菜、紅蘿蔔等其他蔬菜替代,加一些平時喜歡的或比較少吃的蔬菜,就可以品嘗到更多不同的美味囉。

食材－1個份（17 × 8 × 6公分）

- 全麥麵粉 110 克
- 泡打粉 3 克
- 咖哩粉 1 小匙
- 豆漿、花椰菜各 120 克
- 鹽 2 克
- 原糖 10 克
- 植物油 30 克

事前準備

- 將花椰菜洗淨擦乾。
- 麵糊放入烤箱前 20 分鐘先以 175 度 C 預熱。
- 在磅蛋糕模具中鋪烘焙紙或塗抹植物油。

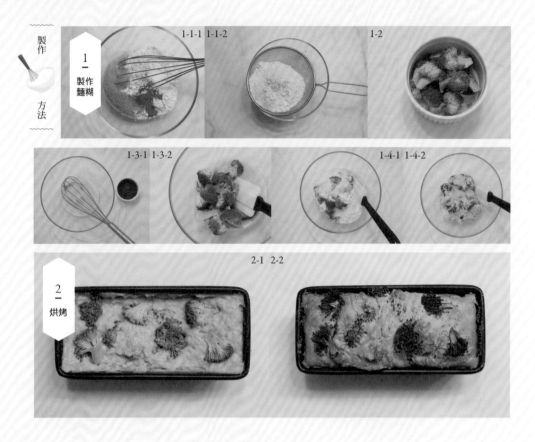

1　1-1 將準備好的全麥麵粉、泡打粉、咖哩粉、鹽、原糖倒入調理盆中，用攪拌器輕
　　　輕拌勻，再用細網眼的篩網篩一次。

　　1-2 將洗淨、擦乾的花椰菜切成方便食用的大小。

　　1-3 將豆漿倒入另一個調理盆中，並將植物油分 2 至 3 次倒入，拌勻後再將切好的
　　　花椰菜倒入並拌勻。

　　1-4 將步驟 1-1 倒入步驟 1-3 的調理盆中，以刮刀輕輕攪拌至看不見粉末顆粒。

2　2-1 將麵糊倒入模具中，用刮板將表面整平，再輕敲一下模具，以讓麵糊均勻分配。

　　2-2 放入以 175 度 C 預熱的烤箱中烤 20 至 25 分鐘，烤好之後脫模並放到冷卻網上
　　　散熱。

蘋果蛋糕

這款蘋果蛋糕,能吃到肉桂獨特的清爽與蘋果的甜蜜。

肉桂很適合搭配水蜜桃這類的水果,所以大家也可以試著在各種蛋糕裡加入肉桂。在一天的最後泡一杯熱紅茶,配上一片蛋糕,那在嘴裡擴散開來的香味,肯定能夠舒緩累積的疲憊。

食材-1個份(17 × 17公分)

- ◦ 全麥麵粉 160 克
- ◦ 泡打粉 4 克
- ◦ 肉桂粉 6 克
- ◦ 蘋果汁 80 克
- ◦ 豆漿 100 克
- ◦ 水 20 克
- ◦ 原糖 50 克
- ◦ 鹽 2 克
- ◦ 植物油 40 克
- ◦ 檸檬汁 5 克
- ◦ 撒在麵糊上的肉桂粉 1 克
- ◦ 裝飾用蘋果 1/2 個

蘋果餡料

- ◦ 蘋果 300 克
- ◦ 原糖 30 克
- ◦ 檸檬汁 5 克

事前準備

- ◦ 麵糊放入烤箱前 20 分鐘先以 170 度 C 預熱。
- ◦ 在模具裡鋪烘焙紙,或抹一點植物油。
- ◦ 將裝飾用蘋果切成薄片。

1-1 1-2

1

製作蘋
果餡料

2-1-1 2-1-2

2

製作
麵糊

2-3-1 2-3-2

<u>1</u>　1-1 將餡料用的蘋果洗淨、擦乾之後，連皮一起切成 1 公分的蘋果丁。

　　1-2 將步驟 1-1 和檸檬汁、原糖倒入鍋中，以中火一邊攪拌一邊燉煮。

　　1-3 等步驟 1-2 的蘋果開始出汁後就轉為小火，燉煮到水分完全收乾為止，但注意不
　　　　要燒焦。

<u>2</u>　2-1 將全麥麵粉、泡打粉、肉桂粉、原糖、鹽倒入調理盆中，以攪拌器輕輕拌勻，
　　　　再用細網眼的篩網篩一次。

　　2-2 將植物油、蘋果汁、豆漿、檸檬汁、水全部倒入另一個調理盆中，並以攪拌器
　　　　輕輕拌勻。

　　2-3 將步驟 2-2 分 2 至 3 次倒入步驟 2-1 中，並以刮刀輕輕攪拌至完全看不見粉末顆
　　　　粒。

3-1 3-2

4-1

3　3-1 將三分之二的麵糊倒入四方形模具中,接著倒入步驟 1-3 放涼的蘋果餡料。

　　3-2 把裝飾用的蘋果薄片均勻鋪在步驟 3-1 的麵糊上。

　　3-3 最後撒上肉桂粉。

4　4-1 將步驟 3-3 的麵糊放入以 170 度 C 預熱好的烤箱中,烤 40 至 45 分鐘後再取出、
　　放到冷卻網上散熱。

香蕉核桃蛋糕

完整保留香蕉的甜與豆腐的香,是一款口感十分柔軟的蛋糕。核桃的口感也很適合搭配香蕉一起享用,所以不妨多加一點核桃吧!

食材－1個份(奶油圓蛋糕模具1號)

- ◦ 全麥麵粉 130 克
- ◦ 泡打粉 3 克
- ◦ 豆腐、香蕉各 150 克
- ◦ 豆漿 100 克
- ◦ 水 20 克
- ◦ 原糖、植物油各 40 克
- ◦ 鹽 1 克
- ◦ 核桃 60 克

事前準備

- ◦ 用棉布或廚房紙巾將豆腐的水吸乾再使用。
- ◦ 麵糊放入烤箱前 20 分鐘先以 175 度 C 預熱。
- ◦ 請先在模具裡鋪烘焙紙,或抹一點植物油。

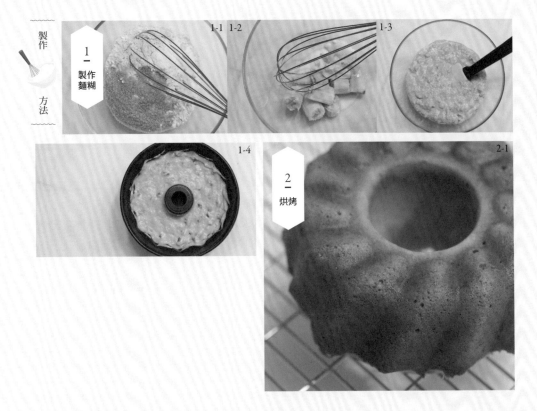

製作
方法

1　1-1 將全麥麵粉、泡打粉、原糖、鹽倒入調理盆中，以攪拌器輕輕拌勻，再用細網
　　　眼的篩網篩一次。
　　1-2 將豆腐和香蕉倒入另一個調理盆中，並以攪拌器輕輕拌在一起，再倒入豆漿、
　　　植物油、核桃，並以攪拌器輕輕拌勻。
　　1-3 將步驟 1-2 倒入步驟 1-1 的麵粉中，並以刮刀輕輕攪拌至完全看不見粉末顆粒。
　　1-4 將步驟 1-3 倒入模具中，大約裝到七分滿。

2　2-1 將麵糊放入以 175 度 C 預熱的烤箱中烤 35 至 40 分鐘，烤好後再放到冷卻網上
　　　散熱。

草莓蛋糕

這是由蘋果磅蛋糕衍伸而來的食譜，可以品嘗到肉桂的甜及爽口又酸甜的草莓。

雖然我試種過好多次草莓，但收成的結果都不太好。不過即使收穫量不大，草莓開花結果的過程帶來的喜悅與幸福，也令我願意繼續挑戰。這樣一來，總有一天能用自己種出來的草莓做出美味的草莓蛋糕吧？

食材－1個份（直徑17公分）

- 全麥麵粉 160 克
- 泡打粉 4 克
- 肉桂粉 7 克
- 草莓汁 80 克
- 豆漿 100 克
- 水 20 克
- 原糖 50 克
- 鹽 2 克
- 植物油 40 克
- 檸檬汁 5 克
- 裝飾用草莓 3 ～ 4 顆
- 裝飾用肉桂粉適量

草莓餡料

- 草莓 400 克
- 原糖 40 克
- 檸檬汁 5 克

事前準備

- 麵糊放入烤箱前 20 分鐘先以 170 度 C 預熱。
- 在模具裡鋪烘焙紙或是抹一點植物油。

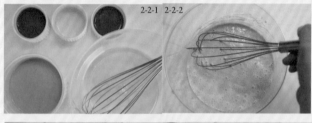

<u>1</u> 1-1 將餡料用的草莓洗淨後擦乾，再切成 1 公分的草莓丁。

1-2 將草莓丁放入鍋中，加入檸檬汁、原糖，以中火邊熬煮邊攪拌，約燉煮 15 至 20 分鐘。

1-3 等草莓開始出水後就轉為小火，燉煮至湯汁完全收乾後即可關火散熱。

<u>2</u> 2-1 將全麥麵粉、泡打粉、肉桂粉、原糖、鹽倒入調理盆中，以攪拌器輕輕拌勻後，再用細網眼的篩網篩過一次。

2-2 將植物油、草莓汁、豆漿、檸檬汁、水全部倒入另一個調理盆中，再以攪拌器輕輕拌勻。

2-3 將步驟 2-2 分 2 至 3 次倒入步驟 2-1 的麵粉中，以刮刀輕輕攪拌至完全看不見粉末顆粒。

3
—
裝模

4-1

4
—
烘烤

3　3-1 將麵糊倒入圓形模具中，大約裝至三分之二滿，鋪上做好的草莓餡料後，接著
　　　將剩下的麵糊輕輕倒上去，最後再依照個人喜好撒上肉桂粉。

　　　|T|I|P|
　　　先配合模具的形狀裁切烘焙紙再倒入麵糊，這樣之後會比較好脫模。

4　4-1 在麵糊上面鋪一層裝飾用草莓，放入以 170 度 C 預熱的烤箱裡烤 40 至 45 分鐘，
　　　烤好的蛋糕脫模後放到冷卻網上散熱。

　　　|T|I|P|
　　　吃之前再把剩下的草莓放上去做裝飾，這樣看起來會更美味可口。

洋蔥棍子
餅乾

棍子餅乾是在清淡的麵粉中,加入蔬菜、水果製成的日式鹹餅乾。這裡我用全麥麵粉代替一般麵粉,做出來的餅乾比一般麵粉更香。此外也加入了洋蔥的甜、鹽與胡椒的鹹,就成了令人食指大動、一口接一口的棍子餅乾了。

記得麵團要盡量擀薄一點,這樣才能夠維持脆脆的口感喔。

食材－20 根份

- 全麥麵粉 60 克
- 玉米粉 10 克
- 泡打粉、鹽各 1 克
- 洋蔥 70 克
- 植物油 20 克
- 胡椒粉、手粉(全麥麵粉)適量

事前準備

- 擀麵團時一定要在麵團上鋪烤盤布,避免麵團黏在擀麵棍上。
- 麵團放入烤箱前 20 分鐘先以 175 度 C 預熱。
- 在平底鍋上鋪好烘焙紙或烤盤布。

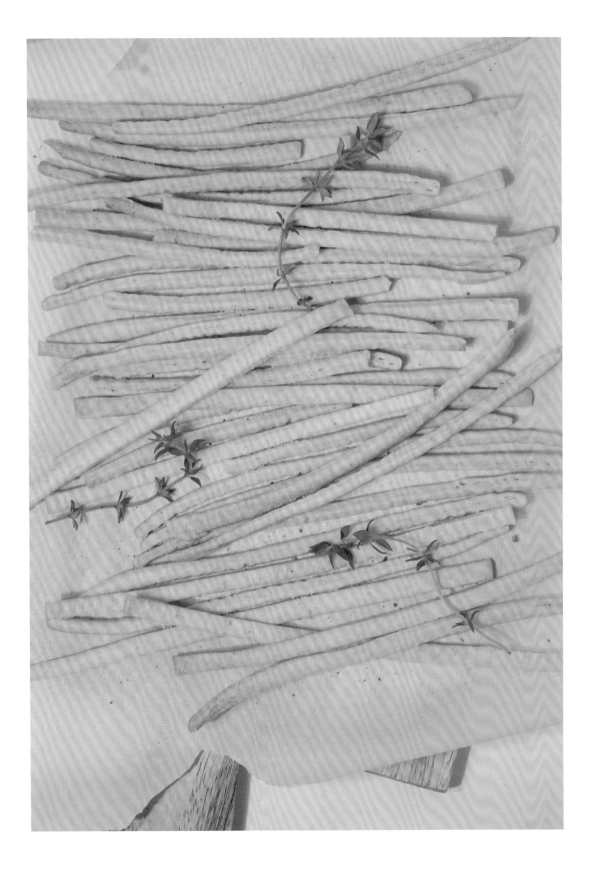

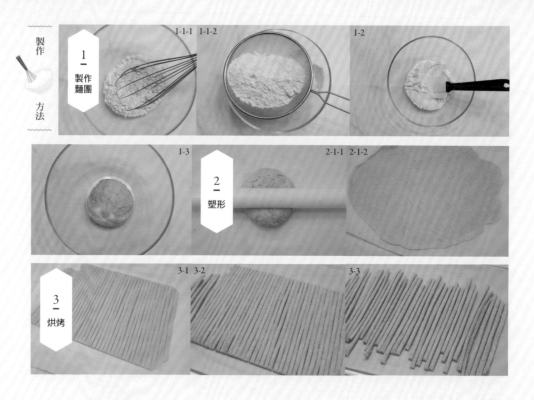

1   1-1 將全麥麵粉、玉米粉、泡打粉倒入調理盆中，以攪拌器輕輕拌勻後，再以細網
眼的篩網篩一次。

1-2 洋蔥剝皮後洗淨擦乾，切碎後倒入食物處理機中，加入植物油、鹽後打成泥，
再跟步驟 1-1 的麵粉拌在一起。

1-3 將步驟 1-2 的麵團揉成團。

|T|I|P|
若沒有食物處理機，則倒入調理盆中以攪拌器拌勻即可。沒有打成泥反而可以吃到洋蔥的口感，
也是不錯的選擇。

2   2-1 在工作桌上灑一點手粉，放上揉好的麵團，以擀麵棍擀成 0.2 至 0.3 公分厚。

3   3-1 利用尺以 0.2 至 0.3 公分的間隔在麵團上劃出紋路，並撒上一些胡椒粉。

3-2 將麵團放入以 175 度 C 預熱的烤箱烤 15 分鐘後，將麵團拿出來並沿著剛劃出的
紋路將麵團切開。

3-3 將步驟 3-2 的麵團翻面，再放入烤箱裡烤 5 至 10 分鐘，烤好之後就放到冷卻網
上散熱。

抹茶布朗尼

加了抹茶不僅能降低甜度，還能增添香味與微微的苦澀感。這款抹茶布朗尼
每一口都能帶給人清爽的美味，不僅適合搭配咖啡，也很適合當茶點。
雖然我已經好幾年不碰咖啡了，但最近很愛喝白茶，
配上抹茶布朗尼一起享用，可說是最佳選擇。

食材－1個份（直徑15公分）

全麥麵粉 120 克，抹茶粉 20 克，泡打粉 6 克，豆腐 100 克，豆漿 150 克，鹽 2 克，
原糖 85 克，植物油 30 克

事前準備

。 先將豆腐的水分去除後再使用。
。 麵糊放入烤箱前 20 分鐘先以 175 度 C 預熱。
。 在模具裡鋪烘焙紙，或抹一點植物油。

製作方法

1 製作麵團

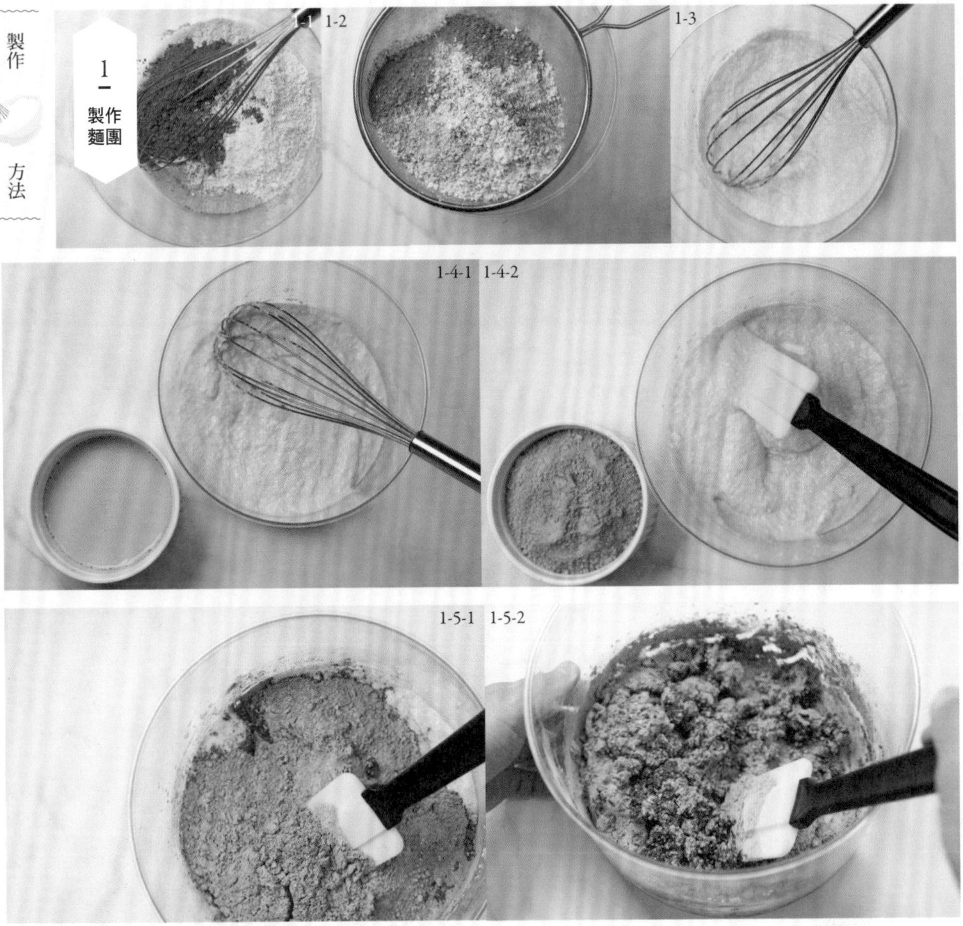
1-1
1-2
1-3
1-4-1
1-4-2
1-5-1
1-5-2

1 1-1 將全麥麵粉、抹茶粉、泡打粉、鹽、原糖倒入調理盆中，以攪拌器輕輕拌勻。

1-2 將步驟 1-1 拌在一起的粉類食材，以細網眼的篩網篩過。

1-3 將豆腐、植物油倒入另一個調理盆中，豆腐可以用攪拌器壓碎，或以手持攪拌機輕輕打成泥。

1-4 將豆漿分 2 至 3 次倒入步驟 1-3 的豆腐泥中，同時以刮刀輕輕攪拌。

1-5 將步驟 1-2 篩過的麵粉倒入步驟 1-3 中，並以刮刀輕輕攪拌至看不見粉末顆粒。

1-6-1 1-6-2

烘烤

1-6 將拌勻的麵糊倒入圓型模具中,並用刮板將表面整平。

2 2-1 放入以 175 度 C 預熱的烤箱中烤 20 至 25 分鐘,烤好之後連模具一起拿出來放
在冷卻網上散熱。

腰果布朗尼

這是即使不用奶油、雞蛋，也能夠在彈指之間變出來的簡易布朗尼。腰果的形狀非常有趣，而且又沒有特別的氣味，味道十分溫和，是我經常使用的食材之一。
這款布朗尼不會太甜，濕度也剛剛好，是大人小孩都喜歡的人氣甜點。

食材－1個份（17 × 17公分）

- 全麥麵粉、腰果各 120 克
- 可可粉、植物油各 30 克
- 泡打粉 6 克
- 豆腐 100 克
- 豆漿 130 克
- 鹽 2 克
- 原糖 85 克

事前準備

- 豆腐放在篩網上把水分壓乾，或用廚房紙巾包覆以吸乾水分後再使用。
- 麵糊放入烤箱前 20 分鐘先以 175 度 C 預熱。
- 在模具裡鋪烘焙紙或抹一點植物油。

1
製作
麵糊

1-1 1-2-1

1-2-2 1-3

1-4-1 1-4-2

<u>1</u> 1-1 將全麥麵粉、可可粉、泡打粉、鹽、原糖倒入調理盆中。

1-2 以攪拌器輕輕地拌勻，然後再用細網眼的篩網篩一次。

1-3 將豆腐、植物油倒入另一個調理盆，以攪拌器將豆腐壓碎、攪拌，或用手持攪拌機打成泥，再把準備好的豆漿分 2 至 3 次倒入並拌勻。

1-4 將步驟 1-2 與腰果倒入步驟 1-3 的豆腐泥中，以刮刀攪拌至看不見粉末顆粒。腰果只要留一點用來做最後裝飾就好。

|T|I|P|

可以用核桃、無花果等食材代替腰果，這樣就能吃到不同的口味囉。

2　2-1 將步驟 1-4 的麵糊倒入模具中，並用刮板將表面整平。

2-2 將剩下的腰果平均鋪在麵糊上。

2-3 放入以 175 度 C 預熱的烤箱烤 20 至 25 分鐘，烤好之後將布朗尼脫模並放在冷
卻網上散熱，待完全冷卻後，切成方便食用的大小。

|T|I|P|

完全冷卻後再切，斷面才會比較工整。

南瓜脆餅

脆餅的原文其實是「烤兩次」的意思，需要烤兩次的脆餅口感較一般餅乾更加酥脆，吃的時候也能享受到咀嚼的樂趣。在麵團裡加入蒸過的南瓜再拿去烤，隱約的南瓜香令人忍不住食指大動。

食材－8到9片份

- 全麥麵粉 180 克
- 泡打粉、鹽各 2 克
- 南瓜 1/2 顆
- 植物油 30 克
- 豆漿 70 克
- 原糖 20 克

事前準備

- 南瓜先蒸過，冷卻後再切成方便食用的大小。
- 麵團放入烤箱前 20 分鐘先以 170 度 C 預熱。
- 在烤盤上鋪烘焙紙或烤盤布。

1

1-1 將全麥麵粉、泡打粉、原糖倒入調理盆中，以攪拌器輕輕拌勻後，用細網眼的篩網篩過一次。

1-2 將豆漿倒入另一個調理盆，並加入植物油、鹽，並以攪拌器拌勻。

1-3 將步驟 1-1 和南瓜一起倒入步驟 1-2 的豆漿中，並用刮刀輕輕攪拌至完全看不見粉末顆粒。

1-4 用手將步驟 1-3 的麵團揉成團，接著在工作桌上灑一點手粉，將麵團放上去後捏成厚度約 2 公分的長方形，再將麵團放到烤盤上。

2

2-1 將麵團放入以 170 度 C 預熱的烤箱中烤 20 分鐘，烤好冷卻後切成 1 至 1.5 公分厚，切完後以切面朝上的方式放回烤盤上。

2-2 將步驟 2-1 放入以 150 度 C 預熱的烤箱烤 20 至 25 分鐘，接著翻面再烤一次，烤好後拿出來放在冷卻網上散熱。

開心果脆餅

開心果用平底鍋乾炒過再加入脆餅麵團裡，就會變成很特別的綠色，味道也會更香，做出來的脆餅更美味喔。

食材－8到9片份

- 全麥麵粉 180 克
- 泡打粉、鹽各 2 克
- 開心果 40 克
- 植物油 30 克
- 豆漿 70 克
- 原糖 20 克

事前準備

- 開心果先用平底鍋稍微炒一下後放涼。
- 麵團放入烤箱前 20 分鐘先以 170 度 C 預熱。
- 在烤盤上鋪烘焙紙或烤盤布。

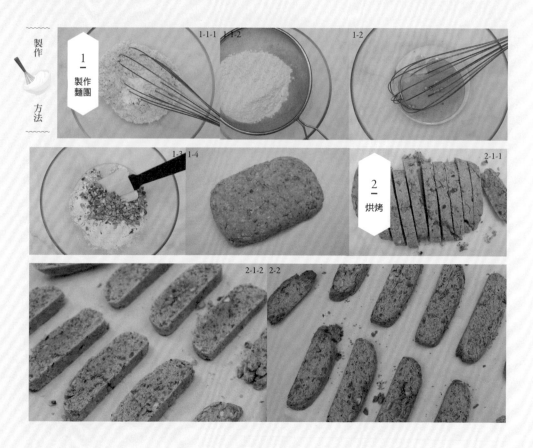

<u>1</u>　1-1 將全麥麵粉、泡打粉、原糖倒入調理盆中，以攪拌器輕輕拌勻再用細網眼的篩網篩過一次。

1-2 將豆漿倒入另一個調理盆中，加入植物油、鹽並以攪拌器拌勻。

1-3 將步驟 1-1 的麵粉與冷卻的開心果倒入步驟 1-2 的豆漿中，以刮刀輕輕攪拌至看不見粉末顆粒。

1-4 用手將步驟 1-3 的麵團揉成團，接著在工作桌上灑一點手粉，將揉好的麵團放上去後捏成厚度約 2 公分的長方形，然後放到烤盤上。

<u>2</u>　2-1 將麵團放入以 170 度 C 預熱的烤箱中烤 20 分鐘，烤好後靜置冷卻，冷卻後切成 1 至 1.5 公分厚，切好後以切面朝上的方式放回烤盤上。

2-2 將步驟 2-1 放入以 150 度 C 預熱的烤箱烤 20 至 25 分鐘，接著翻面再烤一次，完成後放到冷卻網上散熱。

菠菜薄餅

菠菜是我最喜歡的蔬菜之一，這份喜愛也使得我開始種菜之後，
一直很想嘗試自己種菠菜。在秋天的尾聲撒下種子，經過一整個冬天的照顧，
隔年春天生長出來的菠菜吃起來帶著微甜，實在是令人驚豔。
我將菠菜磨碎，讓纖維變得更柔軟，這樣吃起來比較不會有負擔，
很適合當早餐享用，就連平時不愛吃菠菜的小朋友，
也會完全臣服在蔬菜薄餅的美味下喔。

食材－1個份（直徑10公分）

全麥麵粉 60 克，泡打粉 3 克，肉桂粉 2 克，菠菜 80 克，豆漿 20 克，鹽 1 克，
糖漿 10 克，植物油 5 克，裝飾用當季水果適量

事前準備

。平底鍋先熱鍋

1-1-1 1-1-2

1-3 1-4-1

1-4-2

<u>1</u> 1-1 將全麥麵粉、泡打粉、肉桂粉倒入調理盆中，以攪拌器輕輕拌勻，再以細網眼的篩網篩過一次。

1-2 菠菜用滾水燙一下，接著用冷水沖洗後再瀝乾，並以果汁機打成泥。

|T|I|P|
也可以用豌豆（100克）燙一分鐘再切碎來代替菠菜，可以吃到不同於菠菜的美味。

1-3 將豆漿、鹽、糖漿、植物油、打好的菠菜泥倒入另一個調理盆中，以攪拌器拌勻。

1-4 將步驟 1-1 的麵粉分 2 至 3 次倒入步驟 1-3 的菠菜泥中，以刮刀攪拌至完全看不見粉末顆粒。

2-1-1 2-1-2

2-2

<u>2</u>　2-1 平底鍋熱鍋後倒一點植物油，接著放上薄鬆餅的模具，用湯勺將剛剛完成的菠菜泥麵糊舀入模具中。

|T|I|P|
如果沒有薄鬆餅模具，也可以用平底鍋直接煎。

2-2 蓋上鍋蓋，用文火煎 6 分鐘，等麵糊表面有些微焦後就翻面，再蓋上蓋子等待 6 分鐘，等薄餅煎到熟透就完成了。

|T|I|P|
吃之前再淋一點糖漿或果糖，搭配無花果、草莓等水果一起享用會更美味。

手工穀麥片

市面上到處都能買到穀麥片，不過自己做的手工穀麥片，可以選擇燕麥、各式堅果、果乾等健康食材，對身體健康更有益。不僅能大量補充日常生活中缺乏的膳食纖維、維生素等營養，再加上製作過程超級簡單，更會讓人想經常做來吃。做好後加點豆漿或優格搭配，就是非常飽足的一餐囉。

食材
———

- 燕麥 400 克
- 腰果、核桃、開心果各 100 克
- 杏仁片、胡桃各 50 克
- 藍莓乾、蔓越莓乾各 200 克
- 糖漿 50 克
- 植物油 30 克
- 肉桂粉約 1 至 2 克

事前準備
———

- 麵糊放入烤箱前 20 分鐘先以 175 度 C 預熱。
- 把烘焙紙或烤盤布鋪在烤盤上。

1-2 1-3

1
製作
麵糊

2-1

2
烘烤

2-2 2-3

<u>1</u> 1-1 將糖漿、植物油倒入調理盆中,以攪拌器拌勻。

1-2 將燕麥、腰果、核桃、開心果、杏仁片、胡桃、肉桂粉倒入另一個調理盆中並
以刮刀拌勻。

1-3 將步驟 1-1 倒入步驟 1-2 的堅果中並攪拌均勻,避免結塊。

<u>2</u> 2-1 將烤盤布鋪在烤盤上,並將步驟 1-3 的堅果均勻鋪平在烤盤上,再放入以 175 度
C 預熱的烤箱中烤 10 分鐘。

2-2 烤好後拿出來,趁熱倒入碗中,加入藍莓、蔓越莓後以刮刀拌勻。

2-3 重新把步驟 2-2 的堅果均勻鋪平在烤盤上,放入以 165 度 C 預熱的烤箱再烤 10
分鐘。

2-4 烤好之後拿出來散熱,等完全冷卻,再裝進容器裡保存。

PART
2
適合當正餐的蔬食麵包

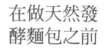

在做天然發
酵麵包之前

◆ 為什麼天然發酵麵包風味更佳、更健康？ ◆

天然發酵麵包是以天然酵母製成的天然發酵種發酵而成，跟製作一般麵包時使用的酵
母菌不同，是用天然酵母（老麵）製成天然發酵種後才加入麵團發酵。

一般的麵包使用的酵母菌是人為製作、培養，便於加工使用。而天然發酵麵包使用的
天然發酵種，則是在自然狀態下培養酵母，不含任何化學添加物，好消化又健康，麵
包更香、風味更佳。

跟一般使用酵母菌的麵包相比，天然發酵麵包中使用的天然發酵種（天然酵母）需要
較長的發酵時間，但過程中產生的乳酸菌，能夠製造出對身體有益的物質，也能夠分
解醣和澱粉，身體的抗拒感會較吃一般麵包時低一些，也比較容易消化，麵包的風味
（微酸）也更佳。此外，用加入天然發酵種的麵團做成麵包，具備出色的保濕能力，
能夠讓麵包維持濕潤的口感，保存期限也更長。所以為了做出健康、美味的天然發酵
麵包，我們需要用心、耐心地等待。

欲製作天然發酵種，首先需製作液種。液種（液體狀態）是將水果或蔬菜泡進水中約
一星期使其發酵，再將液種加入麵粉和水，並經過一次、二次、三次的培養過程，就
能夠製成天然發酵種。

各位可以參考以下介紹的方法製作液種與天然發酵種，雖然步驟可能會有些繁複，但
各位所花費的時間與精力，將會變成更美味、更健康的麵包回報，肯定能夠讓各位感
到滿足、充滿成就感。

❖ 製作液種（約 150 克）❖

液種是液體型態的發酵劑，適用存在於自然中的酵母製成。通常會使用甜度較高的葡萄乾、蘋果、水蜜桃等果實中的菌進行發酵，書中將介紹使用葡萄乾製作的方法。

材料│葡萄乾 50 克、水 100 克、消毒過的玻璃瓶 1 個（500 毫升左右）、濾網

1 葡萄乾用水洗乾淨，裝在消毒過的玻璃瓶中，並倒入準備好的水。
2 用湯匙多次攪動瓶中的水，然後蓋上蓋子，放在室溫下（26 至 28 度 C）約一個星期等待發酵。

　　|T|I|P|
　　如果不維持一定溫度，那即使等一個星期也可能不會發酵，所以請務必遵守溫度規範，建議隨時將玻璃瓶搬至室內較溫暖的地方擺放。

3 過了 24 小時左右，水會開始混濁。放置時間一長，葡萄乾之間的縫隙會開始產生小小的氣泡，並且散發微酸的發酵味。等葡萄乾浮到水面上之後就表示發酵完成。
4 用濾網過濾步驟 3，將葡萄乾與發酵水完全分離，我們要用的是發酵完成的液種。

　　|T|I|P|
　　發酵完成的液種可冷藏保存一星期左右。

發酵完成的液種，用濾網將液體過濾出來使用。

✦ 製作天然發酵種 ✦

　　天然發酵種是用天然酵母發酵製成的液種混合麵粉與水後培養而成。培養天然發酵種的方法很多，書中介紹的是最基礎的方法，學會這個方法之後，各位也可以嘗試其他不同的作法。培養天然發酵種的過程如下，請依照一次、二次、三次培養的順序製作。

一次培養

材料｜液種 100 克（參考第 173 頁）、麵粉 100 克、準備有蓋子的容器（1 公升左右）

將液種和麵粉倒入準備好的容器中，並以湯匙輕輕攪拌至完全看不見粉狀顆粒，然後蓋上蓋子放在室溫下（26 至 28 度 C）約 3 至 5 小時發酵。在這個過程中，麵糊將會慢慢的膨脹成兩倍大。麵糊發酵好之後需放入冰箱冷藏 24 小時熟成，酵母將透過熟成的過程更活性化，使發酵種充滿彈性。

二次培養

材料｜一次培養的發酵種 200 克、麵粉 200g、水 200 克

將一次培養的發酵種、麵粉倒入調理盆中，以刮刀拌勻。
接著將拌好的麵團裝入容器裡，蓋上蓋子放在室溫下 3
至 5 小時，發酵完成後冷藏 24 小時熟成。酵母將透過
熟成的過程更活性化，使發酵種充滿彈性。

三次培養（完成）

材料｜二次培養發酵種 200 克、麵粉 200 克、水 200 克

將二次培養發酵種、麵粉倒入調理盆中，以刮刀拌勻。接
著將拌好的麵團裝入容器中，蓋上蓋子放在室溫下 3 至 5
小時，發酵完成後冷藏 24 小時熟成。等三次培養完成之後，
麵團表面就會看見氣泡，也會聞到酸酸的味道。做好的發
酵種可以直接使用，也可以冷藏起來，在冷藏的狀態下約可
保存兩星期左右。

天然發酵種的使用方法

完成三次培養的天然發酵種，可以持續加麵粉跟水繼續培養，培養過程又稱作「餵養」，
製作麵包時用掉一部分，再配合剩餘的發酵種分量，將發酵種、麵粉、水以一比一比一
的比例混合，均勻攪拌至完全看不見粉狀顆粒，接著再立刻放入冰箱冷藏 24 小時熟成，
完成後便能立即使用。為了能持續使用天然發酵種，建議一到兩星期餵養至少一次，也
要記得隨時收進冰箱裡冷藏。

基礎吐司麵包

這是最基本的麵包，不添加奶油、雞蛋，相較於一般吐司麵包的柔軟，自己在家做的吐司更有嚼勁，又有天然酵母的風味，當成正餐吃也不會覺得肚子不舒服。

食材－吐司麵包模3個（20 × 10 × 9公分）

◦ 天然發酵種、麵粉各 550 克
◦ 鹽 5 克
◦ 原糖 18 克
◦ 植物油 30 克
◦ 常溫水 230 克
◦ 防沾黏粉適量

事前準備

◦ 麵團放入烤箱前 20 分鐘先以 180 度 C 預熱。
◦ 在烤盤上鋪烘焙紙或烤盤布。

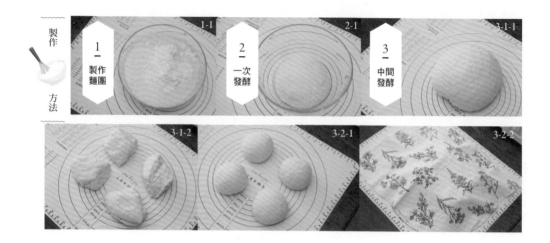

<u>1</u>　1-1 將天然發酵種、麵粉、鹽、原糖和水倒入調理盆中，接著加入植物油，和成表面光滑平整且帶點黏性的麵團。

<u>2</u>　2-1 將麵團放入容器中，蓋上蓋子放在不會被直射光線照射到，溫度維持在 26 至 27 度 C 的室內陰涼處，等待麵團膨脹到兩倍大。接著用手指沾一點麵粉，戳入麵團進行指印測試，通過測試即完成第一次發酵。

| T | I | P |

為了確認是否發酵完成，用手指去輕戳麵團，這個動作稱為「指印測試（FINGER TEST）」。方法是手指沾麵粉後去戳麵團，戳至第二指節再把手收回，如果指印痕跡沒有消失，就表示發酵完成。

<u>3</u>　3-1 一次發酵完成後，將麵團放在工作桌上，用雙手揉成光滑的圓球狀，再用刮板將麵團切成六等分。

　　3-2 將切開的麵團分別揉成球狀，用手掌輕輕把空氣壓掉後再蓋上濕布，靜置 20 分鐘讓麵團發酵。

| T | I | P |

以濕布蓋住麵團，是為了防止麵團在膨脹過程中變得太過乾燥。麵團乾燥可能會使延展性變差，或導致烤出來的麵包太硬。

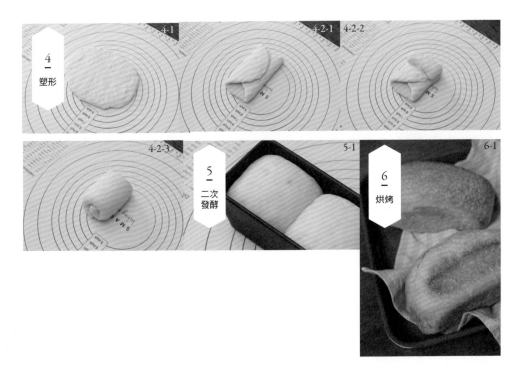

|T|I|P|
中途不需確認發酵狀況，可以暫時休息讓自己專注下一個步驟。

4　4-1 發酵完成後，將步驟 3-2 的麵團放到工作桌上，輕輕將空氣拍掉。

　　4-2 以擀麵棍將麵團擀成扁平的橢圓形，左右兩邊向內摺起並輕壓一下不讓麵團散
　　開，然後再從底端將整個麵團捲起，最後接口處用指尖壓緊。其他的麵團也以
　　相同方式處理。

5　5-1 將步驟 4-2 的麵團接口處朝下放入準備好的吐司麵包模中，接著輕輕蓋上一層棉
　　布，以免麵團表面乾燥，在 27 至 34 度 C 的室溫下，靜置 1 小時 30 分鐘至 2 小
　　時，讓麵團膨脹至 1.5 倍大。

6　6-1 二次發酵結束後，將麵團放入以 180 度 C 預熱的烤箱烤 30 至 35 分鐘，麵包烤
　　好後即可脫模，放在冷卻網上散熱。

藍莓吐司
麵包

這款吐司麵包裡加了酸酸甜甜的藍莓，可以品嘗到藍莓的酸甜滋味在嘴裡擴散開來，還能咀嚼隱約帶著紫色光彩的多汁果肉，是能同時享受美味、增進眼睛健康的一款麵包。是只要嘗過一次，就會讓人讚不絕口的美味。

食材－吐司麵包模3個（20 × 10 × 9公分）

- 天然發酵種、麵粉各 500 克
- 鹽 5 克
- 原糖 18 克
- 植物油 30 克
- 藍莓乾 90 克
- 常溫水 200 克

事前準備

- 麵團放入烤箱前 20 分鐘先以 180 度 C 預熱。
- 在烤盤上鋪烘焙紙或烤盤布。

<u>1</u>　1-1 將天然發酵種、麵粉、鹽、原糖和水倒入調理盆中，接著加入植物油，和成表面光滑平整且帶點黏性的麵團。

<u>2</u>　2-1 整塊麵團放入容器中，蓋上蓋子，放在不會被直射光線照射、溫度維持在 26 至 27 度 C 的室內陰涼處，等待麵團膨脹到兩倍大。接著用手指沾一點麵粉，戳入麵團進行指印測試，通過測試即完成第一次發酵。

<u>3</u>　3-1 一次發酵完成後將麵團放到工作桌上，用雙手揉成光滑的圓球狀，再用刮板將麵團切成六等分。

　　3-2 將切好的麵團分別揉成球狀，以手掌輕輕將空氣壓掉後再蓋上濕布，靜置 20 分鐘讓麵團發酵。

|T|I|P|

用濕布蓋住麵團，是為了防止麵團在膨脹過程中變得太過乾燥。麵團乾燥可能會使延展性變差，或導致烤出來的麵包太硬。

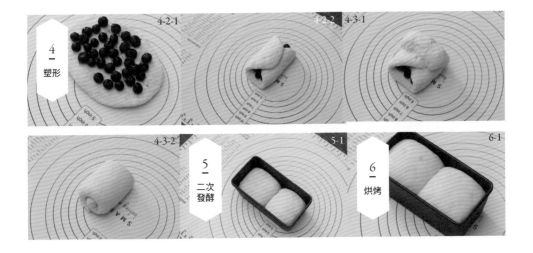

4　4-1 發酵結束後，將麵團放到工作桌上，用手輕輕將空氣拍掉。

　　4-2 以擀麵棍將麵團擀成扁平的橢圓形，再將藍莓乾平鋪在麵團上，並將左右兩邊
　　　　向內摺起。

　　4-3 輕壓一下讓麵團不要散開，然後從底端將整個麵團捲起，最後接口處用指尖壓
　　　　緊。其他麵團也以相同方式處理。

5　5-1 將麵團接口處朝下放入準備好的吐司麵包模具中，接著輕輕蓋上一層棉布，避
　　　　免麵團表面乾燥。在 27 至 34 度 C 的室溫下，靜置 1 小時 30 分鐘至 2 小時，等
　　　　待麵團膨脹到 1.5 倍大，再以手指戳入測試，通過測試即完成二次發酵。

6　6-1 二次發酵結束後，將麵團放入以 180 度 C 預熱的烤箱中烤 30 至 35 分鐘，麵包
　　　　烤好後即可脫模，放在冷卻網上散熱。

玉米吐司
麵包

玉米是夏天最棒的點心。加入玉米粉製成的玉米麵包,不僅是可以品嘗到
玉米香氣的餐用麵包,更是能夠帶給小朋友飽足感的點心。
記得我第一次收成玉米時,玉米雖然已經過季、甜度不夠又太硬,
但念在我誠意滿滿的那顆心,家人仍舊吃得津津有味,
那幅情景我至今仍難以忘懷。

食材－吐司麵包模3個(20 × 10 × 9公分)

天然發酵種、麵粉各 400 克,玉米粉、玉米各 150 克,鹽 6 克,原糖 60 克,
植物油 20 克,常溫水 180 克

事前準備

。麵團放入烤箱前 20 分鐘先以 180 度 C 預熱。
。將烘焙紙或烤盤布鋪在烤盤上。

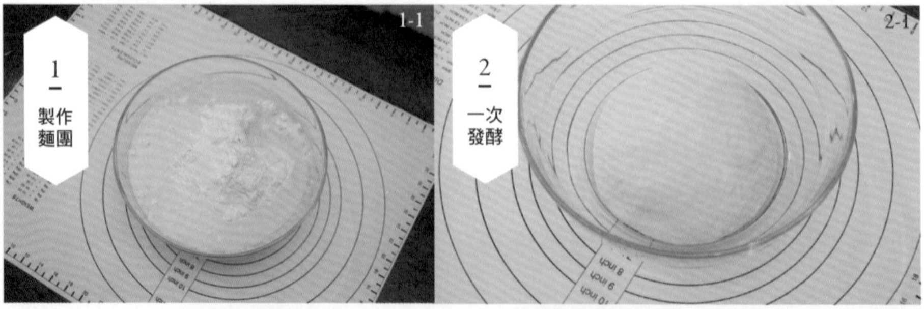

1   1-1 將天然發酵種、麵粉、玉米粉、鹽、原糖和水倒入調理盆中,接著加入植物油,和成表面光滑平整且帶點黏性的麵團。

2   2-1 整塊麵團放入容器中,蓋上蓋子放在不會被直射光線照射到,溫度維持在 26 至 27 度 C 的室內陰涼處,等待麵團膨脹到兩倍大。接著用手指沾一點麵粉,戳入麵團進行指印測試,通過測試即完成第一次發酵。

3   3-1 一次發酵完成後將麵團放到工作桌上,用雙手揉成光滑的圓球狀,再用刮板將麵團切成六等分。

      3-2 將切好的麵團分別揉成球狀,以手掌輕輕將空氣壓掉後再蓋上濕布,靜置 20 分鐘讓麵團發酵。

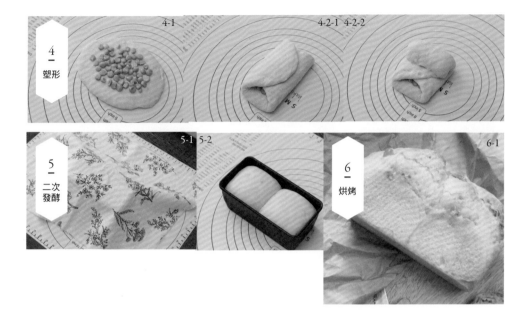

4   4-1 結束發酵後，將麵團放在工作桌上，用手輕輕將空氣壓掉，然後以擀麵棍將麵團擀成扁平的橢圓形，再撒上玉米。

      4-2 將步驟 4-1 的麵團左右兩邊向內摺起，並輕壓一下讓麵團不要散開，接著再從底端將整個麵團捲起，最後接口處用指尖壓緊。其他麵團也以相同方式處理。

5   5-1 麵團接口處朝下放入準備好的吐司麵包模中，接著輕輕蓋上一塊濕布或放入密封容器中避免麵團乾掉，並在 27 至 34 度 C 的室溫下，靜置 1 小時 30 分鐘至 2 小時，等待麵團膨脹到 1.5 倍大，再以手指戳入測試，通過測試即完成二次發酵。

6   6-1 二次發酵結束後，將麵團放入以 180 度 C 預熱的烤箱裡烤 30 至 35 分鐘，麵包烤好後即可脫模，放在冷卻網上散熱。

|T|I|P|

如果感覺麵包還不夠熟，脫模之後可以再烤5分鐘。

全麥吐司
麵包

全麥吐司麵包使用的是膳食纖維比一般麵粉更豐富的全麥麵粉,吃起來也更健康。雖然口感比較沒那麼有彈性,但穀物的香味卻十分迷人。切成薄片用平底鍋乾煎一下再吃,就能讓口感跟美味都更上一層樓。

食材—吐司麵包模3個(20 × 10 × 9公分)

- 天然發酵種 400 克
- 麵粉 300 克
- 全麥麵粉 250 克
- 鹽 7 克
- 原糖、植物油各 30 克
- 常溫水 220 克

事前準備

- 麵團放入烤箱前 20 分鐘先以 180 度 C 預熱。
- 將烘焙紙或烤盤布鋪在烤盤上。

<u>1</u>　1-1 將天然發酵種、麵粉、全麥麵粉、鹽和原糖倒入調理盆中以攪拌器拌勻，再加
　　　入植物油和水，攪拌至看不見粉末顆粒，最後再揉成表面光滑平整且帶點黏性
　　　的麵團。

<u>2</u>　2-1 將麵團放在工作桌上，揉成球狀後放入容器並蓋上蓋子，在不會被直射光線照
　　　到、溫度維持在 26 至 27 度 C 的室溫環境下，放置 3 至 4 小時進行一次發酵。
　　　等麵團膨脹成兩倍大，就用手指沾點麵粉按壓麵團做指印測試，通過測試便完
　　　成第一次發酵。

<u>3</u>　3-1 一次發酵完成後將麵團放在工作桌上，用雙手揉成光滑的球狀，然後再用刮板
　　　將麵團切成六等分。
　　　3-2 將切好的麵團分別揉成球狀，用手把空氣壓掉後再蓋上濕布，靜置 20 分鐘讓麵
　　　團發酵。

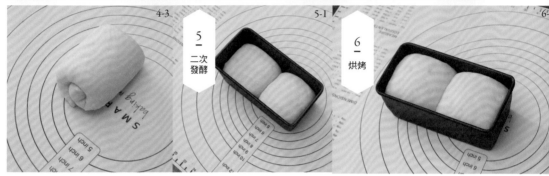

4   4-1 結束中間發酵後，將步驟 3-2 的麵團放到工作桌上，用手輕輕把空氣拍掉，然後以擀麵棍將麵團擀成扁平的橢圓狀。

     4-2 將麵團左右兩邊向內摺起，輕壓一下讓麵團不要散開，接著從底端將整個麵團捲起，最後接口處用指尖壓緊。其他麵團也以相同方式處理。

5   5-1 將麵團接口處朝下放入準備好的吐司麵包模中，接著輕輕蓋上一塊濕布或放入密封容器中避免麵團乾掉，再將麵團放在 27 至 34 度 C 的室溫下，靜置 1 小時 30 分鐘至 2 小時，等待麵團膨脹到 1.5 倍大，再用手指做指印測試，通過測試即完成二次發酵。

6   6-1 二次發酵結束之後，就將麵團放入以 180 度 C 預熱的烤箱裡烤 30 至 35 分鐘，麵包烤好後即可脫模，放在冷卻網上散熱。

   |T|I|P|

如果感覺麵包還不夠熟，脫模後可以再烤5分鐘。

小圓麵包

大家知道跟手掌差不多大、圓滾滾的法國圓麵包嗎？我借用了法國圓麵包的外型開發出這款小圓麵包。雖然食譜非常簡單，但卻是最能品嘗到麵粉與天然酵母風味的基本款。試著以剛烤好還散發著熱氣的小圓麵包，搭配手工果醬一起享用吧。

食材－6個（每個約60克）

○ 天然發酵種、麵粉各 200 克
○ 鹽 3 克
○ 常溫水 130 克
○ 亞麻籽 40 克

事前準備

○ 麵團放入烤箱前 20 分鐘先以 180 度 C 預熱。
○ 將烘焙紙或烤盤布鋪在烤盤上。

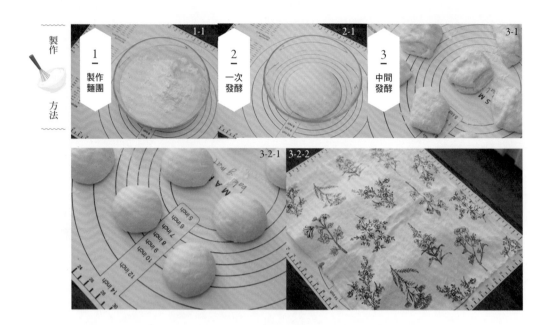

1　1-1 將天然發酵種、麵粉、亞麻籽、鹽、水倒入調理盆中，攪拌至看不見粉末顆粒，
　　接著再用手揉成表面光滑平整且帶點黏性的麵團。

2　2-1 將步驟 1 放在工作桌上，揉成圓形後裝入容器蓋上蓋子，放在不會被光線照到，
　　室溫約 26 至 27 度的陰涼處，靜置 3 至 4 小時。等麵團膨脹成兩倍大後，再用
　　沾了麵粉的手指戳一下麵團做指印測試，通過測試即完成一次發酵。

3　3-1 一次發酵結束後將麵團放在工作桌上，揉成球狀並以刮板切成六等份，每一份
　　60 公克。
　　3-2 將切好的麵團分別揉成球狀，以手掌輕輕將空氣拍掉，然後以蓋上濕布，以避
　　免麵團乾掉，靜置 20 分鐘進行發酵。

4   4-1 中間發酵結束後，用手拍打將空氣拍掉同時也將麵團拍扁，接著再把麵團捲起
     來，接口處用指尖按壓固定。其他麵團也以相同方式處理。

    4-2 將麵團接口處朝下放在準備好的烤盤上，每個麵團之間要有固定的距離。輕輕
     蓋上一層濕棉布，以避免麵團表面乾燥，接著在室溫 27 至 29 度的環境下靜置 1
     小時 30 分至 2 小時，進行二次發酵讓麵團膨脹至 1.5 倍大。

5   5-1 二次發酵結束後，在麵團中間劃一條長長的紋路，灑上一點防沾黏粉，並放入
     以 180 度 C 預熱的烤箱烤 15 至 20 分鐘，完成後取出、放在冷卻網上散熱。

手撕麵包

這是一款像早餐麵包一樣鬆軟、烤好之後可以直接用手撕來吃的有趣麵包。烤的時候把麵團放得靠近一點，就能夠減少水分的流失，讓成品更柔軟。撒在麵包上的黑芝麻不僅增添麵包的香氣，也讓麵包看起來更美味。

食材－正方形模具1個（20 × 20公分）

- 天然發酵種 200 克
- 麵粉 230 克
- 鹽 4 克
- 原糖 20 克
- 植物油 25 克
- 常溫水 120 克
- 黑芝麻適量

事前準備

- 麵團放入烤箱前 20 分鐘先以 180 度 C 預熱。
- 將烘焙紙鋪在模具中，或在模具邊緣抹上一些植物油。
- 準備好要塗抹在麵團上的水和塗抹用的刷子。

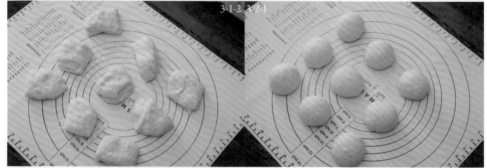

1　製作麵團　1-1

2　一次發酵　2-1

3　中間發酵　3-1-1

3-1-2 3-2-1

3-2-2

1　1-1 將天然發酵種、麵粉、鹽、原糖和水倒入調理盆中，加入植物油後以手搓揉，
直到完全看不見粉末顆粒，最後再揉成表面光滑平整且帶點黏性的狀態。

2　2-1 將麵團放在工作桌上揉成圓球狀，接著放入容器並蓋上蓋子，放在不會被光線
照到、且溫度維持在 25 至 27 度 C 的陰涼室內，靜置 3 至 4 小時等麵團膨脹成
兩倍大。接著再用手沾一些麵粉戳入麵團做指印測試，通過測試即完成一次發
酵。

3　3-1 一次發酵結束之後，將麵團放到工作桌上並揉成圓形，切著用刮板切成九等分。
3-2 將切開的麵團分別揉成圓形，用手輕輕把空氣壓掉後蓋上濕布，靜置 20 分鐘等
待發酵。

4　4-1 中間發酵結束後，用手將麵團拍扁以拍出空氣，然後再把麵團重新揉成圓形，
　　　並用手把麵團接口處捏緊。其他麵團也用一樣的方式處理。
　　　4-2 將麵團揉圓後，用刷子輕輕在麵團表面刷上一層水，然後裹上黑芝麻。

5　5-1 將步驟 4-2 的麵團接口朝下放進準備好的正方形模具中，接著輕輕蓋上一塊濕布
　　　或放入密封容器中，以避免麵團乾掉，在室溫 27 至 29 度 C 的環境下靜置 1 小
　　　時 30 分至 2 小時，等待麵團膨脹到 1.5 倍大。

6　6-1 發酵結束後，就將麵團放入以 180 度 C 預熱的烤箱中烤 20 至 25 分鐘，烤好之
　　　後即可脫模，並放在冷卻網上散熱。

橄欖番茄
佛卡夏

佛卡夏通常都被當成餐前麵包,但其實當正餐也毫不遜色喔。佛卡夏裡的橄欖具有強烈的抗氧化作用,是相當經典的健康食材。我都會將佛卡夏做成手掌般大小當禮物送給親友,每當對方收到誠意滿滿的佛卡夏時,總會露出幸福的微笑,那也讓我感到非常幸福。

食材－2個份(每個約250克)

- 天然發酵種 200 克
- 麵粉 250 克
- 橄欖切片 60 克
- 小番茄 10 個
- 乾羅勒 1 克
- 鹽、原糖各 5 克
- 植物油 40 克
- 常溫水 150 克

事前準備

- 先用溫水沖洗橄欖,再把水瀝乾。
- 按照小番茄的形狀,將番茄切成固定的大小。
- 麵團放入烤箱前 20 分鐘先以 220 度 C 預熱。
- 將烘焙紙或烤盤布鋪在烤盤上。

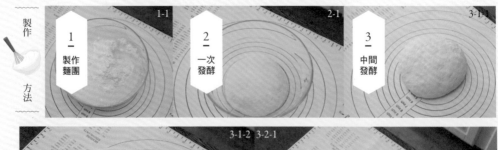

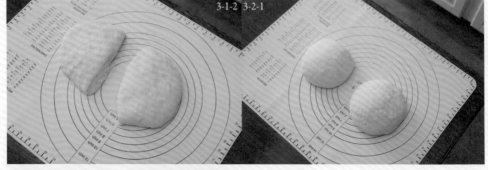

1　1-1 將天然發酵種、麵粉、一半橄欖片、乾羅勒、鹽、原糖、植物油倒入調理盆中，再用手搓揉至完全看不見粉末顆粒，最後再揉成表面光滑平整且帶點黏性的狀態。

2　2-1 將麵團放在工作桌上，揉成圓形後放入容器中蓋上蓋子，並放到不會被直射光線照到、溫度維持在 26 至 27 度的地方 3 至 4 小時，等麵團膨脹至兩倍大。接著手指沾點麵粉戳入麵團做指印測試，通過測試後即完成一次發酵。

3　3-1 一次發酵結束後，將麵團放到工作桌上，揉成圓形後再用刮板對切開。
　　3-2 將切開的麵團分別揉成圓形，輕輕將空氣拍掉，再蓋上濕布靜置 20 分鐘發酵。

4-1 4-2

5-1

4　4-1 中間發酵結束後，將麵團放在工作桌上，用手將麵團拍扁以拍出空氣，再把麵團重新揉成圓形，並把麵團接口處捏緊，接著用擀麵棍將麵團擀成手掌大小，另一個麵團也用同樣的方法處理。

　　4-2 將烤盤布鋪在烤盤上，並將步驟 4-1 的麵團放在烤盤上，將剩下的橄欖和切好的小番茄鋪在麵團上，接著輕輕蓋上一塊濕布或放入密封容器中，以免麵團乾掉，在溫度維持在 27 至 34 度 C 的環境下靜置 1 小時 30 分至 2 小時，等待麵團膨脹至 1.5 倍大。

5　5-1 二次發酵結束後，在橄欖和番茄上面抹一點植物油，接著將麵團放入以 220 度 C 預熱的烤箱中烤 15 至 20 分鐘，烤好後麵包會呈現金黃色，接著將麵包取出、放在冷卻網上散熱。

洋蔥迷迭香
佛卡夏

濕軟的佛卡夏，是在扁平的麵團上鋪上香草、蔬菜等各式食材烤成的義式經典麵包。加點烤過後會變甜的洋蔥、香味迷人的迷迭香，更能增添佛卡夏的美味與香氣。

尤其是自己親手栽種、收成的迷迭香，加入麵團裡能讓麵包的風味更上一層樓。大家可以試著在能夠照到陽光的窗邊或陽台種迷迭香，不僅能用於料理跟烘焙，更能夠泡成茶來喝，也很適合用於足浴。

食材－2個份（每個約250克）

_____

- 天然發酵種 200 克
- 麵粉 250 克
- 乾燥迷迭香 2 克
- 洋蔥 300 克
- 新鮮迷迭香 10 克
- 鹽、原糖各 5 克
- 植物油 40 克
- 常溫水 150 克

事前準備

_____

- 將洋蔥洗乾淨切成細絲。
- 將新鮮迷迭香洗乾淨，切成跟洋蔥差不多的長度。
- 麵團放入烤箱前 20 分鐘先以 220 度 C 預熱。
- 將烘焙紙或烤盤布鋪在烤盤上。

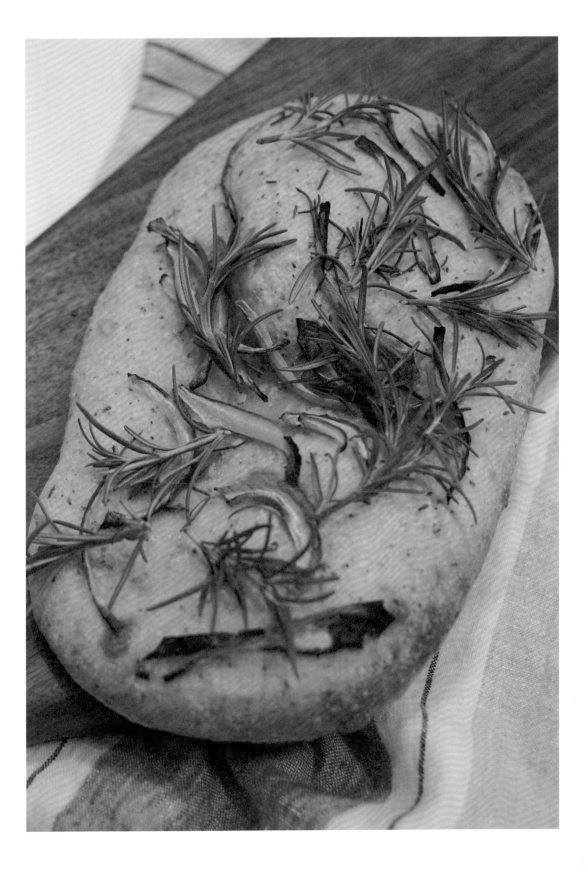

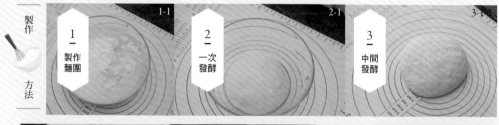

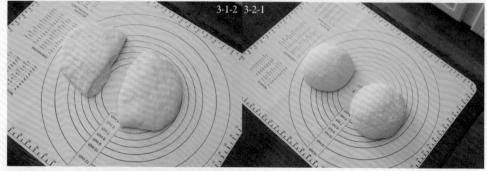

<u>1</u> 1-1 將天然發酵種、麵粉、乾燥迷迭香、鹽、原糖、植物油、水倒入調理盆中，用
手搓揉至完全看不見粉末顆粒，最後再揉成表面光滑平整且帶點黏性的狀態。

<u>2</u> 2-1 將麵團放在工作桌上，揉成圓形後裝入容器蓋上蓋子，將麵團放在不會被直射
光線照到、溫度維持在 26 至 27 度的地方 3 至 4 小時，等麵團膨脹至兩倍大，
接著用手指沾點麵粉，戳入麵團做指印測試，通過測試後即完成一次發酵。

<u>3</u> 3-1 一次發酵結束後，將麵團放在工作桌上，揉成圓形後再用刮板對切。
3-2 將切開的麵團分別揉成圓形，輕輕將空氣拍掉，再蓋上濕布靜置 20 分鐘發酵。

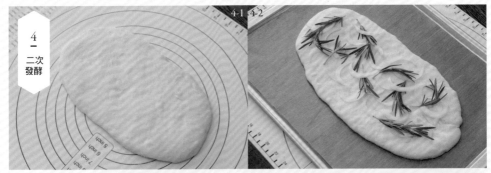

4　4-1 中間發酵結束後，將步驟3-2的麵團放在工作桌上，用手將麵團拍扁以拍出空氣，
　　再把麵團重新揉成圓形，並把麵團接口處捏緊，接著用擀麵棍將麵團擀成手掌
　　大小。另一個麵團也用同樣的方法處理。

　　4-2 將烤盤布鋪在烤盤上，將洋蔥和新鮮迷迭香鋪在麵團上，接著輕輕蓋上一塊濕
　　布或放入密封容器中，以免麵團乾掉，在溫度維持在 27 至 34 度 C 的環境下靜
　　置 1 小時 30 分至 2 小時，等待麵團膨脹至 1.5 倍大。

5　5-1 二次發酵結束後在麵團上面抹一點植物油，接著將麵團放入以 220 度 C 預熱的
　　烤箱中烤 15 至 20 分鐘，烤好後麵包會呈現金黃色，接著將麵包拿出來放在冷
　　卻網上散熱。

法國鄉村
麵包

法國鄉村麵包十分美味，清淡爽口，無論搭配什麼料理一起品嘗，
都不會搶走其他料理的風采，所以也是我最常做的麵包之一，
只要吃過一次就會讓人念念不忘，一起來享受鄉村麵包的單純美味吧！

食材－2個份（每個約350克）

天然發酵種 200 克，麵粉 300 克，鹽 4 克，原糖 10 克，
常溫水 200 克，防沾黏粉適量

事前準備

◦ 麵團放入烤箱前 20 分鐘以 230 度 C 預熱。
◦ 將烘焙紙或烤盤布鋪在烤盤上。
◦ 在發酵籃裡灑一點防沾黏粉。

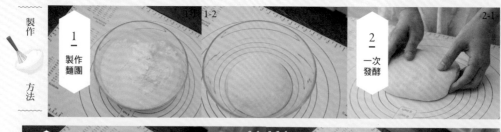

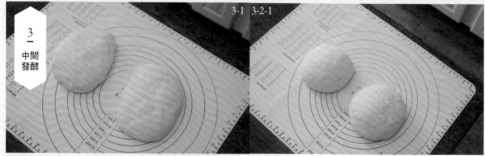

製作

方法

1 製作麵團

2 一次發酵

3 中間發酵

1　1-1 將天然發酵種、麵粉、水、鹽和原糖倒入調理盆中，用手攪拌至麵團成形且完全看不見粉末顆粒，接著將麵團放入容器中，蓋上蓋子，於室溫下靜置 30 分鐘至 1 小時。

　　1-2 將鹽加入裝有步驟 1-1 的容器中，輕輕地搓揉讓麵團吸收鹽。

2　2-1 將步驟 1-2 的麵團重新放回容器中，並蓋上蓋子，放在不會被直射光線照到的室溫下，每 30 分鐘就將麵團拿出來放在工作桌上，用手掌將空氣拍掉再放回去，總共重複三次。包括拍打的時間在內，麵團需放置 3 至 4 小時進行一次發酵，等麵團膨脹成兩倍大後，就用手指沾一點麵粉戳入麵團做指印測試，通過測試即完成發酵。

3　3-1 一次發酵結束後，將步驟 2-1 的麵團放在工作桌上並對切。

　　3-2 用將麵團拍扁以拍出多餘的空氣，然後再重新揉成圓形，接著蓋上濕布，以免麵團乾掉，靜置 20 分鐘進行中間發酵。

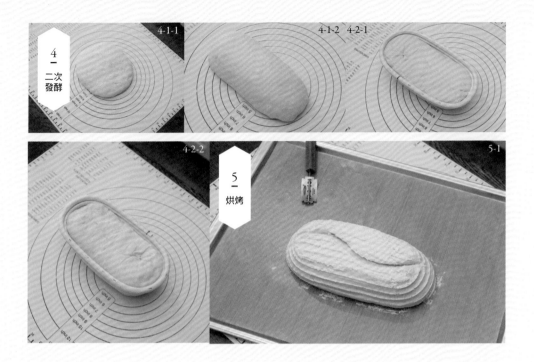

4　4-1 將步驟 3-2 放在工作桌上，用手掌將麵團捏成表面光滑的圓弧狀，所有麵團都處理完後，即可將麵團光滑面朝下放入發酵籃中。

　　|T|I|P|
　　發酵籃是長方形或圓形的木質容器，用途是幫助麵團定型。如果沒有發酵籃，也可以拿形狀相似的塑膠容器代替。

　　4-2 將步驟 4-1 的麵團拿到室溫 27 度且不會被直射光線照到的地方，靜置 1 小時 30 分至 2 小時進行二次發酵，等麵團膨脹成兩倍大，就用手指沾麵粉去按壓麵團，若手指放開後能清楚看到按壓的痕跡，就表示發酵完成。

5　5-1 步驟 4-2 的發酵籃倒扣在烤盤上將麵團倒出來，並用刀子在麵團上劃出想要的紋路。

　　5-2 以噴霧器往用 230 度 C 預熱的烤箱中噴 3 至 4 次水，然後將麵團放入烤箱烤 30 至 35 分鐘，烤好後就把麵包拿出來散熱。

　　|T|I|P|
　　如果是沒有蒸汽功能的烤箱，建議麵團放入烤箱前用噴霧器噴幾次水，這樣烤出來的麵包外皮才會酥脆。

燕麥鄉村麵包

在城市出生、成長的我，正在透過週末農場種植蔬菜，體驗大自然送給我們的天然蔬菜美味。用健康滿分的蔬菜料理、烘焙，也讓我收獲更多的笑容，同時我也期待未來某天能搬到鄉間，建一個小小的火爐，利用自己收獲的蔬菜，烤出最美味的鄉村麵包。

加入富含膳食纖維的燕麥，不僅能夠提升營養價值，更能夠襯托麵包的風味，品嘗到更美味的麵包。

食材－2個份（每個約350克）

∘ 天然發酵種 200 克
∘ 麵粉 300 克
∘ 燕麥 80 克
∘ 鹽 4 克
∘ 原糖 10 克
∘ 常溫水 200 克
∘ 防沾黏粉適量

事前準備

∘ 麵團放入烤箱前 20 分鐘先以 230 度 C 預熱。
∘ 將烘焙紙或烤盤布鋪在烤盤上。
∘ 在發酵籃裡灑一點防沾黏粉。

1　1-1 將天然發酵種、麵粉、水和原糖倒入調理盆中，用手輕輕攪拌但不要搓揉，讓
食材均勻吸收水分。等麵粉變成麵團後，就將麵團放入另一個容器中，蓋上蓋
子在室溫下放置 30 分鐘至 1 小時。

　　1-2 將步驟 1-1 重新放回調理盆中，加入鹽並輕輕攪拌，使麵團均勻吸收鹽，再把燕
麥加進去並拌勻。

2　2-1 將步驟 1-2 放入另一個容器中，蓋上蓋子放到不會被直射光線照到的地方，每
30 分鐘就拿出來放在工作桌上，以手掌將空氣拍出，這個步驟總共重複三次。
加上拍打的過程在內，一次發酵所需的時間是 3 至 4 小時。等麵團膨脹成兩倍
大之後，就用沾了麵粉的手指戳入麵團做指印測試，通過測試即完成一次發酵。

3　3-1 一次發酵結束之後，將步驟 2-1 完成的麵團放在工作桌上，以刮板對切。

　　3-2 將切開的麵團揉成表面光滑平整的圓球，同時微微按壓以將空氣壓掉，然後再
蓋上濕布避免麵團表面乾掉，靜置 20 分鐘發酵。

4   4-1 將步驟 3-2 的麵團重新揉成表面光滑的圓球狀，再將麵團放入發酵籃中，麵團的
接縫要朝下。

|T|I|P|
發酵籃是長方形或圓形的木質容器，用途是幫助麵團定型。如果沒有發酵籃，也可以拿形狀相似
的塑膠容器代替。

4-2 將麵團放在不會被直射光線照到、室溫維持在 27 度 C 的地方靜置 1 小時 30 分
至 2 小時，待麵團膨脹成兩倍大後，用手指沾點麵粉按壓麵團，若手放開後能
清楚看到按壓的痕跡，二次發酵就完成了。

5   5-1 將步驟 4-2 的發酵籃倒扣在烤盤上，倒出發酵完成的麵團，並用刀子在麵團表面
劃出想要的紋路。

5-2 在已預熱至 230 度 C 的烤箱內以噴霧器噴 3 至 4 次水，然後將麵團放入烤箱烤
30 至 35 分鐘，麵包烤好後再拿出來散熱。

|T|I|P|
如果是沒有蒸汽功能的烤箱，建議在將麵團放入烤箱前用噴霧器噴幾次水，這樣烤出來的麵包外
皮才會酥脆。

蔓越莓核桃
鄉村麵包

偶爾會希望在鄉村麵包裡增加一點香甜的滋味，所以我選擇了蔓越梅和核桃。
分量的多寡與食材的挑選，都會使發酵麵包產生截然不同的風味。

食材－2個份（每個約350克）

天然發酵種、常溫水各 200 克，麵粉 300 克，蔓越莓乾 25 克，核桃 30 克，
鹽 4 克，原糖 10 克

事前準備

。 先將蔓越莓乾清洗 2 至 3 次，將雜質洗掉。
。 核桃用溫水沖洗 2 至 3 次後，以平底鍋乾炒過會比較好吃。
。 麵團放入烤箱前 20 分鐘，先以 230 度 C 預熱。
。 將烘焙紙或烤盤布鋪在烤盤上。
。 在發酵籃裡灑一點防沾黏粉。

<u>1</u>　1-1 將天然發酵種、麵粉、水和原糖倒入調理盆中，用手輕輕攪拌但不要搓揉，讓
　　　食材均勻吸收水分。等麵粉變成麵團後，就將麵團放入另一個容器中，蓋上蓋
　　　子在室溫下放置 30 分鐘至 1 小時。
　　　1-2 將步驟 1-1 的麵團重新放回調理盆中，加入鹽並輕輕地攪拌，使麵團均勻吸收鹽。

<u>2</u>　2-1 將步驟 1-2 放入另一個容器中，蓋上蓋子，放到不會被直射光線照到的地方，每
　　　30 分鐘拿出來放在工作桌上，以手掌將空氣拍出，這個步驟總共重複三次。加
　　　上拍打的過程，一次發酵所需的時間是 3 至 4 小時。等到麵團膨脹成兩倍大之後，
　　　就用沾了麵粉的手指戳入麵團做指印測試，通過測試即完成一次發酵。

<u>3</u>　3-1 一次發酵結束之後，將步驟 2 放到工作桌上用刮板對切。
　　　3-2 將切開的麵團分別揉成球狀，以手掌將空氣輕拍掉後蓋上濕布避免麵團乾掉，
　　　然後靜置 20 分鐘。

> |T|I|P|
>
> 發酵籃是幫助麵團定型的長方形或圓形容器，如果沒有發酵籃，也可以用形狀類似的塑膠碗。

4 　4-1 中間發酵結束後，拍掉麵團中的空氣，再以手掌輕輕把麵團壓成橢圓形。

　　4-2 將蔓越莓乾和核桃鋪在麵團上，再從底端把麵團捲起來，最後用手將麵團捏緊。

　　4-3 麵團光滑面朝下放入發酵籃裡。

5 　5-1 將步驟 4-3 的麵團放在不會被直射光線照到，室溫維持在 27 度 C 的地方約 2 小時，進行二次發酵。等麵團膨脹至兩倍大後，就用手指沾點麵粉輕輕按壓麵團，如果手指放開後按壓的痕跡沒有消失，就表示發酵完成。

6 　6-1 將發酵籃倒扣在烤盤上，倒出麵團，並在麵團上面劃出想要的紋路。

　　6-2 拿噴霧器往以 230 度 C 預熱的烤箱中噴 3 至 4 次，然後麵團放入烤箱烤 30 至 35 分鐘，烤好後取出、放在冷卻網上散熱。

> |T|I|P|
>
> 如果是沒有蒸汽功能的烤箱，建議在將麵團放入烤箱前用噴霧器噴幾次水，這樣烤出來的麵包外皮才會酥脆。

洛斯提克
麵包

洛斯提克的意思是「簡單」，而洛斯提克麵包就是一款外酥內軟的麵包，它沒有固定的形狀，所以可以依照個人的喜好做成不同的造型。由於可以把麵團切成不同的形狀來表現個人的特色，即使是用相同的麵團，也會讓人有一種所有麵包都是用不同麵團做成的錯覺。

食材－2個份（每個約300克）

◦ 天然發酵種 200 克
◦ 麵粉 250 克
◦ 鹽 6 克
◦ 常溫水 120 克
◦ 防沾黏粉適量

事前準備

◦ 麵團放入烤箱前 20 分鐘先以 210 度 C 預熱。
◦ 將烘焙紙或烤盤布鋪在烤盤上。

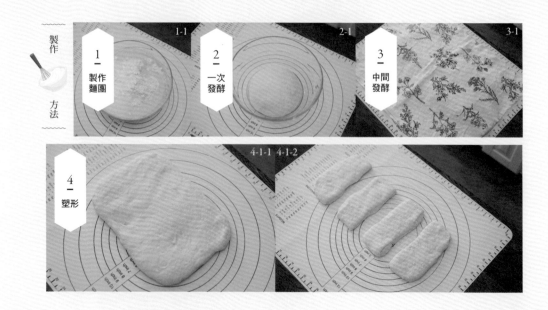

製作

方法

1   1-1 將天然發酵種、麵粉、鹽、水倒入調理盆中，用手攪拌至看不見粉末顆粒，且
　　　麵團表面光滑平整、帶一點黏性。

2   2-1 將步驟 1-1 放入容器中並蓋上蓋子，放在不會被直射光線照到、室溫在 25 至 27
　　　度 C 的地方，靜置 3 至 4 小時進行一次發酵。等麵團膨脹成兩倍大之後，就用
　　　手指沾點麵粉戳入麵團做指印測試，通過測試後便完成一次發酵。

3   3-1 一次發酵完成後，將麵團放到工作桌上，揉成圓球狀，同時以手掌輕輕按壓，
　　　將空氣壓掉，再蓋上棉布避免麵團乾掉，並靜置 20 分鐘進行中間發酵。

4   4-1 中間發酵結束後，將步驟 3-1 的麵團光滑面朝上放在工作桌上，然後以擀麵棍擀
　　　成長 25 公分、寬 15 公分的長方型，接著用刮板將麵團切成四等分。

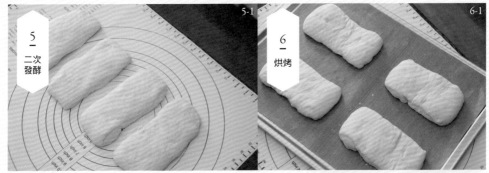

5-1

6-1

5
二次
發酵

6
烘烤

5　5-1 輕輕蓋上棉布或將麵團放入密封容器中，以免麵團表面乾掉，並將麵團放置於室溫 27 至 29 度 C 的地方，等待 1 小時 30 分至 2 小時。等麵團膨脹成兩倍後，便用手沾點麵粉按壓麵團，如果手放開時按壓的痕跡沒有消失，就表示發酵完成。

6　6-1 二次發酵結束後，將麵團放到烤盤上，麵團之間要留固定的距離，接著用篩網在麵團表面灑一些防沾黏粉。

　　6-2 烤箱以 210 度 C 預熱後，以噴霧器朝烤箱裡噴 3 至 4 次水，然後將麵團放入烤箱烤 15 至 20 分鐘，烤好後把麵包取出、放在冷卻網上散熱。

|T|I|P|
如果是沒有蒸汽功能的烤箱，建議在將麵團放入烤箱前用噴霧器噴幾次水，這樣烤出來的麵包外皮才會酥脆。

豌豆麵包

也可以用其他的豆子替代豌豆，我個人喜歡豌豆、刀豆、青豆，所以經常用這三種豆子來做麵包。我每年都會種刀豆，因為刀豆不僅口感飽滿，也能有效預防呼吸道疾病，對有鼻炎的我來說是再適合不過的食材。

食材－4個份（每個約130克）

○ 天然發酵種 150 克
○ 麵粉 200 克
○ 豌豆 100 克
○ 鹽 3 克
○ 原糖 10 克
○ 植物油 15 克
○ 常溫水 80 克

事前準備

○ 豌豆要先泡 2 至 3 小時的水再汆燙，燙熟後再將水瀝乾。
○ 除了豌豆之外，也可以用黑豆等其他的豆類來做。
○ 麵團放入烤箱前 20 分鐘先以 180 度 C 預熱。
○ 將烘焙紙或烤盤布鋪在烤盤上。

製作

方法

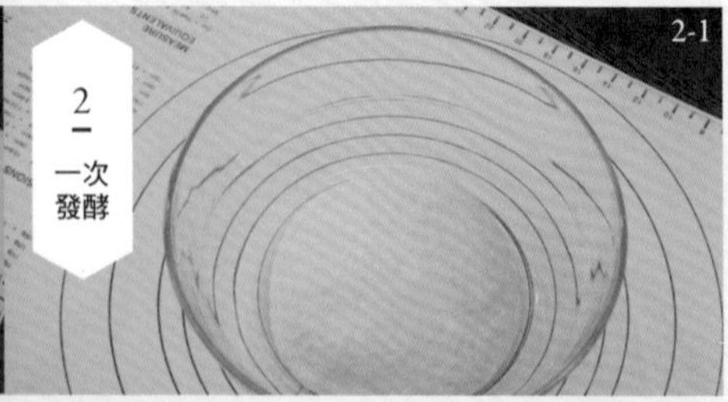

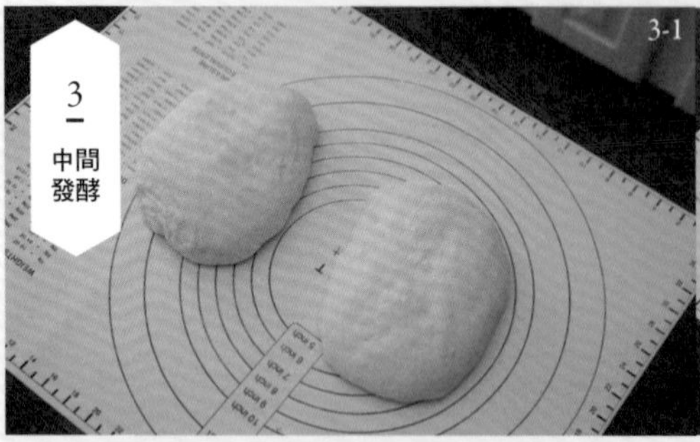

1 1-1 將天然發酵種、麵粉、鹽、原糖、水倒入調理盆中,再加入植物油攪拌至麵團
成形、表面光滑平整且帶一點黏性。

2 2-1 將成形的麵團裝在容器中並蓋上蓋子,放在不會
被直射光線照到、且室溫維持在 26 至 27 度 C 的
地方靜置 3 至 4 小時。等麵團膨脹到兩倍大後,
就用手指沾麵粉戳入麵團做指印測試,若通過測
試即完成一次發酵。

| T | I | P |
用手指戳入麵團,以確認麵團
是否完成發酵叫做「指印測
試」,方法是用食指沾麵粉,
戳入麵團至第二指節,手指鬆
開後若痕跡沒有消失,就表示
發酵完成。

3 3-1 一次發酵完成後將麵團放到工作桌上,揉成圓球狀,再用刮板切成四等分。

　 3-2 將切好的麵團分別揉成圓球狀,並以手掌輕拍掉空氣,接著蓋上濕布避免麵團
乾掉,靜置 20 分鐘進行發酵。

4　4-1 完成中間發酵後用手輕拍出麵團的空氣，再用手掌輕輕按壓，將麵團按壓成橢
　　　圓形。
　　　4-2 把燙好的豌豆鋪在麵團上，再從邊緣慢慢將麵團捲起，捲的時候注意不要讓豆
　　　子掉出來，最後用手指把接縫處捏緊。其他麵團也以相同的方法處理。

5　5-1 接縫朝下將麵團放在烤盤上，麵團之間要留一定的距離，接著蓋上一塊棉布或
　　　將烤盤放到密閉的空間裡，在室溫 27 至 29 度 C 的環境下靜置 1 小時 30 分至 2
　　　小時。等麵團膨脹至兩倍大後，再用手指沾麵粉戳入麵團做指印測試，手指放
　　　開後指印沒有消失就表示發酵完成。

6　6-1 二次發酵結束後，在麵團上灑上防沾黏粉，並用刀子劃出想要的紋路。
　　　6-2 放入以 180 度 C 的烤箱中烤 20 至 25 分鐘，烤好後再把麵包取出、放在冷卻網
　　　上散熱。

法式長棍
麵包

講到代表法國的麵包，最先想起的應該都是長棍麵包，這是法國人不可或缺的食物。長棍麵包外酥內軟，一旦陷入它的魅力就難以逃脫，也讓我經常不知不覺吃掉一整條長棍麵包呢。

食材－2條份（每條約350克）

○ 天然發酵種、麵粉各 250 克
○ 鹽 6 克
○ 常溫水 150 克
○ 防沾黏粉適量

事前準備

○ 麵團放入烤箱前 20 分鐘以 230 度 C 預熱。
○ 二次發酵前將棉布放在烤盤上。
○ 把烘焙紙或烤盤布鋪在烤盤上。

1　1-1 將天然發酵種、麵粉倒入調理盆中，並將準備好的水多次篩過之後，一邊用手攪拌，一邊慢慢將水倒入調理盆跟麵粉和在一起，讓食材均勻吸收水分。等麵團成形後，就將剛成形的麵團放在工作桌上，揉至表面光滑平整，再將麵團放入容器中蓋上蓋子，於常溫下靜置 30 分鐘至 1 小時。

　　1-2 將步驟 1-1 的麵團重新放入調理盆中，加入準備好的鹽，輕輕地將鹽搓入麵團中。

2　2-1 將步驟 1-2 的麵團再放回容器中，蓋上蓋子並放在不會被直射光線照到的室內。每 30 分鐘就取出麵團，放在工作桌上用手掌拍出空氣，這個步驟總共要重複三次。含拍打的過程在內，麵團需發酵 3 至 4 小時，等麵團膨脹成兩倍大之後，再用手指沾麵粉戳入麵團做指印測試，若通過測試即表示一次發酵完成。

3　3-1 一次發酵結束後將麵團放在工作桌上，揉成球狀再對切。

　　3-2 將切開的麵團分別揉成圓球，並輕輕拍打將空氣拍掉，再蓋上濕布以免麵團乾掉，靜置 20 分鐘進行發酵。

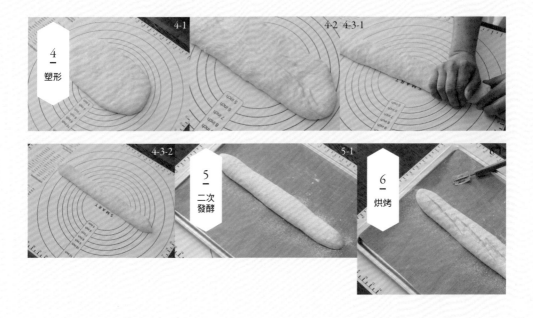

4   4-1 結束中間發酵後將麵團放在工作桌上，以手掌將麵團壓扁以壓出多餘的空氣。

      4-2 將壓成扁平狀的麵團往中間摺三分之一，並不斷重複這個動作，讓麵團變成 35 公分長的長橢圓形。

      4-3 接著用手指把接縫處捏緊，以避免麵團鬆開，其他麵團都以相同的方式處理。

5   5-1 麵團接縫朝下放在烤盤上，麵團之間要留固定的距離，接著輕輕蓋上棉布或放到密閉空間中以避免麵團乾掉，於室溫 27 至 30 度 C 的環境下靜置 1 小時 30 分至 2 小時。等麵團膨脹成兩倍大後，就用手指沾麵粉按壓麵團，手指放開後若痕跡沒有消失，就表示二次發酵完成。

6   6-1 二次發酵結束後，在麵團上灑一些防沾黏粉，然後劃出 3 至 4 道紋路。

      6-2 烤箱以 230 度 C 預熱後，以噴霧器朝烤箱裡噴 3 至 4 次水，然後將麵團放入烤箱烤 25 至 30 分鐘，烤好後取出、放在冷卻網上散熱。

|T|I|P|

如果是沒有蒸汽功能的烤箱，建議在將麵團放入烤箱前應用噴霧器噴幾次水，這樣烤出來的麵包外皮才會酥脆。

蔓越莓核桃長棍麵包

在長棍麵包的麵團中，加入香噴噴的核桃和甜甜的蔓越莓，搭配本就帶點微酸滋味的麵團，就變成美味的蔓越莓核桃長棍麵包，即使沒有搭配其他料理，也會讓人吃到停不下來，絕對會讓你在開吃之前告誡自己：「今天只能吃這麼多！」

食材－2條份（每條約360克）

- 天然發酵種、麵粉各 250 克
- 鹽 6 克
- 常溫水 150 克
- 核桃、蔓越莓乾各 30 克
- 防沾黏粉適量

事前準備

- 麵團放入烤箱前 20 分鐘先以 230 度 C 預熱。
- 二次發酵前先把棉布鋪在烤盤上。
- 麵團放入烤箱之前，先在烤盤上鋪烘焙紙或烤盤布。

1   1-1 將天然發酵種、麵粉、水倒入調理盆中，用手輕輕攪拌，讓食材均勻吸收水分，
注意不要用揉的。等麵團成形之後，就將麵團裝到容器中蓋上蓋子，於室溫下
放置30分鐘至1小時。

     1-2 將步驟1-1的麵團放回調理盆中，倒入準備好的鹽，輕輕搓揉以讓麵團吸收鹽。

2   2-1 將步驟1-2的麵團重新放入容器中，蓋上蓋子後放在不會被直射光線照到的室
內。每30分鐘就把麵團拿出來放在工作桌上，以手掌輕輕拍出空氣，這個步驟
總共重複三次，包括這個過程在內，需等待3至4小時。等麵團膨脹至兩倍大後，
再用手指沾點麵粉戳入麵團做指印測試，若通過測試即完成一次發酵。

3   3-1 將完成一次發酵的麵團放到工作桌上，以刮板將麵團對切。切開的麵團分別揉
成球狀，輕輕將空氣拍出後再蓋上濕布避免麵團乾燥，並靜置20分鐘進行中間
發酵。

     3-2 中間發酵結束後再將麵團壓扁，把多餘的空氣壓出來。

     3-3 將壓成扁平狀的麵團往中間摺三分之一，重複這個動作讓麵團漸漸變成長條狀。

     3-4 等麵團長度大約到35公分左右時，就將核桃與蔓越莓乾鋪在麵團上，並用麵團
把內餡包起來，接縫處用手指捏緊以避免散開。其他麵團也用同樣的方式處理。

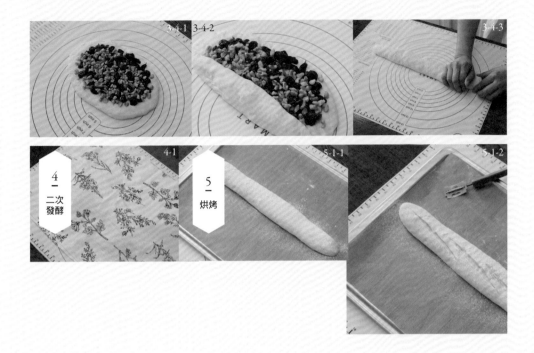

4   4-1 將麵團接縫朝下放在烤盤上，麵團之間要留下一定的距離，然後用棉布蓋在麵團
       上，或是放在密閉空間中以免麵團乾燥。在室溫維持 27 至 30 度的環境下靜置 1
       小時 30 分至 2 小時，等麵團膨脹至兩倍大後，就用手指沾麵粉戳入麵團進行指
       印測試，若手指鬆開按壓痕跡沒有消失，即完成二次發酵。

5   5-1 二次發酵結束後，在麵團表面撒上一些防沾黏粉，然後在上頭劃出 3 至 4 道紋路。
    5-2 在已預熱至 230 度 C 的烤箱中以噴霧器噴 3 至 4 次水，然後再將麵團放入烤箱
       烤 25 至 30 分鐘，烤好之後取出、放在冷卻網上散熱。

    |T|I|P|
    如果是沒有蒸汽功能的烤箱，建議在將麵團放入烤箱前用噴霧器噴幾次水，這樣烤出來的麵包外
    皮才會酥脆。

全麥麵包

這款全麥麵包用了全麥麵粉，烤出來的味道更香、更有層次。作法非常簡單，
而且這些健康食材都很容易取得，輕輕鬆鬆就能完成，
可說是最能發揮居家烘焙優點的一道食譜。
不過全麥麵包的口感可能會比精製麵粉更粗一點，所以如果吃不慣，
可以加堅果、果乾、穀物等食材搭配，口感跟味道都會比較溫和。

食材－2個份（每個360克）

天然發酵種 200 克，全麥麵粉 300 克，鹽 6 克，常溫水 220 克

事前準備

◦ 麵團放入烤箱前 20 分鐘以 230 度 C 預熱。
◦ 將烘焙紙或烤盤布鋪在烤盤上。
◦ 在發酵籃裡撒一些防沾黏粉。

製作方法

1　1-1 將天然發酵種、全麥麵粉、水倒入調理盆中，用手輕輕攪拌，讓食材均勻吸收水分，注意不要用揉的。等麵團成形之後，就將麵團放入容器中並蓋上蓋子，於室溫下放置 30 分鐘至 1 小時。

1-2 將步驟 1-1 放回調理盆中，倒入鹽，輕輕地搓揉以讓麵團吸收鹽。

2　2-1 將步驟 1-2 重新放入容器中，蓋上蓋子後放在不會被直射光線照到的室內。每 30 分鐘就把麵團拿出來放在工作桌上，以手掌輕輕將空氣拍出，這個步驟總共要重複三次，包括這個過程在內需等待 3 至 4 小時。等麵團膨脹至兩倍大後再用手指沾麵粉戳入麵團做指印測試，若通過測試即完成一次發酵。

3　3-1 一次發酵結束後，將麵團放在工作桌上對切。

3-2 用手輕輕按壓切開的麵團，將空氣壓出來後再揉成球狀，然後蓋上濕布避免麵團表面乾燥，並靜置 20 分鐘。

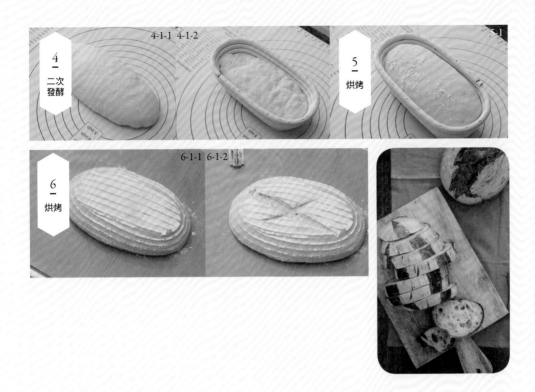

4 4-1 將步驟 3-2 的麵團放在工作桌上,將麵糰捏成表面光滑的圓筒狀,然後光滑面朝
下放入發酵籃裡。

|T|I|P|
發酵籃是長方形或圓形的容器,用來幫助麵團定型,如果沒有發酵籃,也可以用形狀類似的塑膠
容器取代。

5 5-1 將步驟 4-1 放在不會被直射光線照到,且室內溫度維持在 27 度 C 的地方,靜置
1 小時 30 分至 2 小時。等麵團膨脹成兩倍大之後,就用手指沾麵粉戳入麵團做
指印測試,如果手指鬆開後痕跡沒有消失,就代表發酵完成。

6 6-1 將發酵籃倒扣,倒出完成發酵的麵團,然後在麵團上劃出想要的紋路。
6-2 在已預熱至 230 度 C 的烤箱中以噴霧器噴 3 至 4 次水,然後將麵團放入烤箱烤
30 至 35 分鐘,烤好後取出、放在冷卻網上散熱。

|T|I|P|
如果烤箱沒有蒸汽功能,放入麵團前用噴霧器往烤箱裡噴水,這樣烤出來的麵包才會酥脆。

黑麥麵包

黑麥做出來的麵包會比用一般小麥做的麵包小，口感也比較硬，不過咀嚼的過程中可以品嘗到黑麥的甜，也增加吃黑麥麵包的樂趣。

黑麥麵包可以搭配一些簡單清淡的沙拉或三明治，不但營養滿分，更兼具美味。

食材－2個份（每個約450克）

- 天然發酵種 200 克
- 黑麥麵粉 450 克
- 鹽 6 克
- 常溫水 300 克

事前準備

- 麵團放入烤箱前 20 分鐘先以 230 度 C 預熱。
- 將烘焙紙或烤盤布鋪在烤盤上。
- 在發酵籃裡灑一點防沾黏粉。

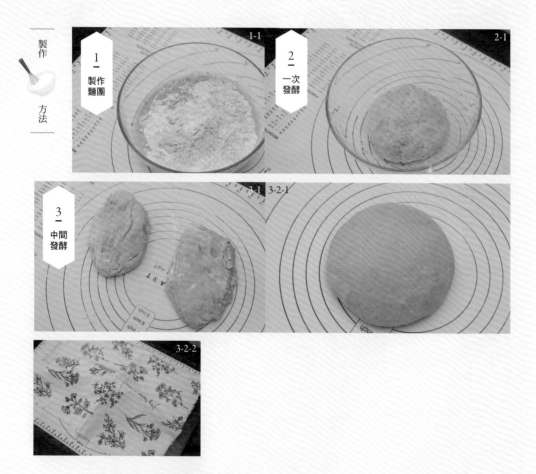

<u>1</u>　1-1 將天然發酵種、黑麥麵粉、鹽、水倒入調理盆中，用刮刀而不要用手攪拌至麵團成形且看不見粉末顆粒。

<u>2</u>　2-1 將步驟 1-1 放在工作桌上揉成圓形，然後放入容器中蓋上蓋子，將麵團放在不會被直射光線照到的地方，於室溫下靜置 3 至 4 小時，等麵團膨脹成兩倍大後，再用手指沾麵粉戳入麵團做指印測試，通過測試即完成一次發酵。

<u>3</u>　3-1 發酵結束後再將麵團放在工作桌上，切成兩塊各 450 克的麵團。
　　3-2 將步驟 2-2 切開的麵團揉成球狀，輕輕將空氣壓掉，再蓋上一塊濕布以避免麵團表面乾掉，靜置 20 分鐘發酵。

4
二次
發酵

5
烘烤

5-1-1 5-1-2

4   4-1 用手把麵團搓長後再把麵團捲起來，光滑面朝下放入發酵籃裡。

|T|I|P|

發酵籃是長方形或圓形的容器，用來幫助麵團定型，如果沒有發酵籃，也可以用形狀類似的塑膠容器取代。

4-2 將步驟 4-1 放在不會被直射光線照到的地方，於室溫下靜置 1 小時 30 分至 2 小時，等待麵團膨脹至 1.5 倍後，再用手指沾麵粉戳入麵團，若手指鬆開時指印沒有消失，就表示發酵完成。

5   5-1 將發酵籃倒扣在烤盤上，倒出麵團，在麵團上劃出想要的紋路。

5-2 在已預熱至 230 度 C 的烤箱中以噴霧器噴 3 至 4 次水，接著將麵團放入烤箱中烤 30 至 35 分鐘，烤好後拿出來放在冷卻網上散熱。

|T|I|P|

如果烤箱沒有蒸汽功能，放入麵團前先用噴霧器往烤箱裡噴水，這樣烤出來的麵包才會酥脆。

拖鞋麵包

我們常說的巧巴達，在義大利文中就是「拖鞋」的意思，這種脆皮（crust，麵包皮）麵包外皮酥脆、內裡（crumb，麵包內柔軟的部分）濕潤又有嚼勁，能夠吸附橄欖油，很適合用來做三明治。去農場時，我偶爾會帶著用自己喜歡的食材做成的巧巴達三明治。初秋的徐徐微風掃過一整片田地，也吹乾了我工作時流下的汗水，在這樣的環境下享用的巧巴達三明治真的超美味。

食材－4個份（每個約200克）

- 天然發酵種、常溫水各 250 克
- 麵粉 300 克
- 鹽 6 克
- 植物油（橄欖油）30 克

事前準備

- 麵團放入烤箱前 20 分鐘先以 230 度 C 預熱。
- 將烘焙紙或烤盤布鋪在烤盤上。

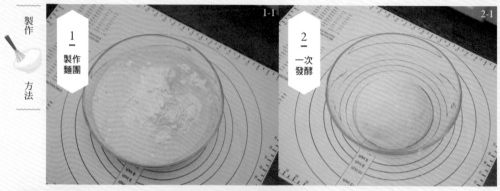

<u>1</u> 1-1 將準備好的天然發酵種、麵粉、鹽倒入調理盆中，以攪拌器拌勻後，分三次慢慢將水倒入，並用手搓揉，使麵團成形且完全看不見粉末顆粒。

1-2 將植物油倒入步驟 1-1 的調理盆中，將麵團搓揉至表面光滑平整、帶一點黏性。

<u>2</u> 2-1 將步驟 1-2 放在工作桌上，揉成圓形後放入容器中並蓋上蓋子，放置於室溫 25 至 27 度 C 的環境下 3 至 4 小時。等麵團膨脹至兩倍大，就用沾了麵粉的手指輕輕戳入麵團做指印測試，通過測試就表示一次發酵完成。

<u>3</u> 3-1 一次發酵結束後，將麵團放在工作桌上，搓揉成圓形同時輕輕將空氣壓掉，接著蓋上一塊濕布，以免麵團表面乾掉，靜置 20 分鐘等待發酵。

4   4-1 完成中間發酵後，讓步驟 3 的麵團光滑面朝上，並用擀麵棍將麵團擀成長 35 公
           分寬 25 公分的長方形。
           4-2 用刮板將麵團切成 4 等分。

5   5-1 輕輕蓋上棉布，或將麵團放在密封容器中，以免麵團乾掉，接著將麵團放在室
           溫 27 至 29 度 C 的環境下 1 小時 30 分至 2 小時。等麵團膨脹成 1.5 倍大後，就
           用手指沾麵粉戳入麵團做指印測試，如果手指鬆開痕跡仍沒有消失，即表示二
           次發酵完成。

6   6-1 在已預熱至 230 度 C 的烤箱中以噴霧器噴 3 至 4 次水，再將麵團放入烤箱烤 15
           至 20 分鐘，烤好後就將麵包取出、放在冷卻網上散熱。

           | T | I | P |
           如果烤箱沒有蒸汽功能，將麵團放入烤箱前先以噴霧器往烤箱內噴水，這樣烤出來的麵包外皮才
           會酥脆。

原味貝果

貝果圓圓的外型就像甜甜圈，再加上麵團發酵過後先燙再烤的 Q 彈口感，是正餐時間很受歡迎的選擇。我在貝果課上發現，燙麵團這個本來讓人以為有點麻煩的步驟其實很有趣，所以做貝果時我經常覺得很開心。這道食譜使用的是最基本的麵團，各位也可以另行添加各式堅果、果乾，做成不同口味的貝果喔。

食材－8個份（每個約100克）

- 天然發酵種 300 克
- 麵粉 350 克
- 鹽 6 克
- 原糖、植物油各 10 克
- 常溫水 170 克

事前準備

- 把烘焙紙剪成比手掌再大一點的尺寸。
- 準備好滾水等著燙麵團。
- 麵團放入烤箱前 20 分鐘先用 180 度 C 預熱。
- 將烘焙紙或烤盤布鋪在烤盤上。

1　1-1 將天然發酵種、麵粉、鹽、原糖倒入調理盆中，接著倒水攪拌至麵團成形且看
　　 不見粉末顆粒，再倒入植物油，並用手將麵團搓揉成表面光滑平整、帶一點黏
　　 性的狀態。

2　2-1 將步驟 1-1 放在工作桌上，揉成圓形後放入容器中蓋上蓋子，並將麵團放在室溫
　　 26 至 27 度 C 的環境下 3 至 4 小時。等麵團膨脹至兩倍大後，就用手指沾麵粉戳
　　 入麵團做指印測試，通過測試即表示一次發酵完成。

3　3-1 一次發酵結束後，將麵團放在工作桌上，揉成圓形並以刮板切成 8 等分，然後
　　 分別將切開的麵團揉成圓形，再輕輕將空氣壓掉並蓋上濕布，以免麵團乾掉，
　　 靜置 20 分鐘等待發酵。

4　4-1 中間發酵結束後，將步驟 3-1 放回工作桌上，用手掌輕輕將空氣壓掉，然後用擀
　　 麵棍將麵團擀成長 30 公分的扁平狀。

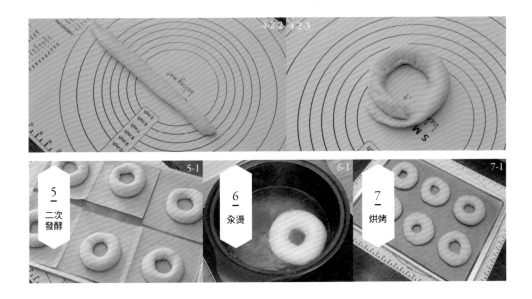

4-2 麵團先向內摺三分之一後再對摺，並用手指按壓接縫處，以免麵團鬆開，接著
　　將麵團其中一端壓扁，再將長條狀的麵團繞成圓圈，最後將麵團兩端接在一起
　　並用力捏緊。其他麵團也用同樣的方法處理。

5　5-1 把麵團放在烘焙紙上，一張紙上放一個麵團，再把麵團捧到鋪了烤盤布的烤盤
　　上，接著蓋上一層棉布或將烤盤放在密閉空間中，在室溫 27 至 30 度 C 的環境
　　下靜置 1 小時 30 分至 2 小時。等麵團膨脹成 1.5 倍後，就用沾了麵粉的手指戳
　　入麵團，如果手指鬆開指印仍沒有消失，就表示發酵完成。

6　6-1 二次發酵結束後，輕輕將麵團一個個放入準備好的滾水中氽燙，可利用篩網等
　　工具調整麵團的方向，正反面各氽燙 30 秒，燙好後撈起來把水瀝乾，再放到鋪
　　了烤盤布的烤盤上。

　　|T|I|P|
　　用滾水燙貝果麵團，是為了讓貝果外皮變得比較硬，以做出貝果的獨特質感。

7　7-1 將步驟 6-1 燙好的麵團放入以 180 度 C 預熱的烤箱中烤 15 至 20 分鐘，烤好後
　　就取出、放在冷卻網上散熱。

黑芝麻貝果

過去我一直很喜歡吃軟軟的麵包，不過第一次吃貝果的那天，那種獨特的口感帶給我非常新鮮的感受，後來我便開始會找不同口味的貝果來吃。

貝果加了黑芝麻之後香味更濃郁，味道也更有層次了。黑芝麻同時也是我未來想要親自栽種的作物之一，只要想像栽種的過程，就會讓我忍不住嘴角上揚。

食材－8個份（每個約100克）

- 天然發酵種 300 克
- 麵粉 310 克
- 黑芝麻 30 克
- 鹽 6 克
- 原糖 15 克
- 植物油 10 克
- 常溫水 170 克

事前準備

- 把烘焙紙剪成比手掌再大一點的尺寸。
- 準備好滾水等著燙麵團。
- 麵團放入烤箱前 20 分鐘先用 180 度 C 預熱。
- 將烘焙紙或烤盤布鋪在烤盤上。

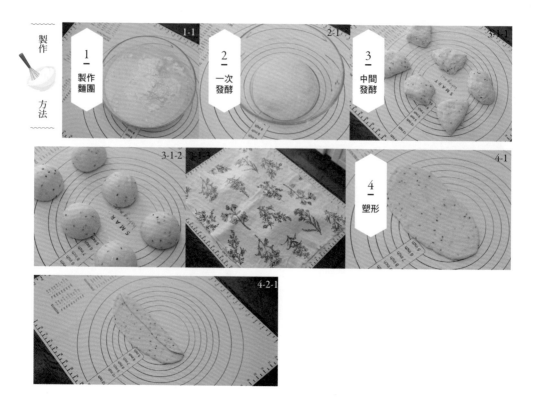

1　1-1 將天然發酵種、麵粉、黑芝麻、鹽和原糖倒入調理盆中，接著加水攪拌至麵團
　　成形、看不見粉末顆粒，再倒入植物油並用手搓揉，直到麵團變成表面光滑平
　　整且帶點黏性的狀態。

2　2-1 將步驟 1 放在工作桌上，揉成圓形後放入容器中蓋上蓋子，拿到室溫 26 至 27
　　度 C 的環境下放置 3 至 4 小時。等麵團膨脹至兩倍大後，就用手指沾麵粉戳入
　　麵團進行指印測試，通過測試即表示一次發酵完成。

3　3-1 一次發酵結束後將麵團放在工作桌上，揉成圓形後以刮板切成 8 等分。分別將
　　麵團揉成圓形，並輕輕將空氣壓掉後，蓋上濕布以免麵團乾掉，靜置 20 分鐘等
　　待發酵。

4　4-1 中間發酵結束後，將步驟 3 放回工作桌上，用手掌輕壓掉麵團中的空氣，再用
　　擀麵棍將麵團擀成長 30 公分的扁平長條狀。

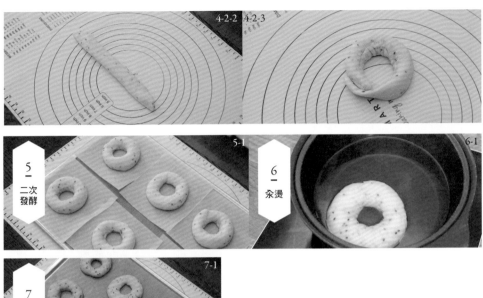

4-2 麵團向內摺三分之一後再對摺，用手指按壓接縫處避免麵團鬆開，接著將麵團
　　其中一端壓扁，然後再將長條狀的麵團繞成圓圈，最後將麵團兩端接在一起並
　　用力捏緊。其他麵團也用同樣的方法處理。

5　5-1 把麵團放在烘焙紙上，一張紙上面放一個麵團，再把麵團捧到鋪了烤盤布的烤
　　盤上，接著蓋上一層棉布或將烤盤放在密閉空間中，在室溫 27 至 30 度 C 的環
　　境下靜置 1 小時 30 分至 2 小時。等麵團膨脹成 1.5 倍大後，就用手指沾麵粉戳
　　入麵團，如果手指鬆開指印仍沒有消失，就表示發酵完成。

6　6-1 二次發酵結束後，輕輕將麵團一個個放入準備好
　　的滾水中汆燙，可利用篩網等工具調整麵團的方
　　向，正反面各汆燙 30 秒，燙好後撈起瀝乾，再放
　　到鋪了烤盤布的烤盤上。

|T|I|P|
用滾水燙貝果麵團是為了讓
貝果外皮變得比較硬，以做
出貝果的獨特質感。

7　7-1 將步驟 6 燙好放入以 180 度 C 預熱的烤箱烤 15 至 20 分鐘，烤好後取出、放在
　　冷卻網上散熱。

地瓜酸麵包

天然發酵種有獨特的酸味，第一次吃的人可能會對這種陌生的味道感到訝異，不過因為天然發酵麵包都會越嚼越香，所以大家應該很快就會迷上這個味道。

由於我學藝不精，在田地裡種出的地瓜大小不一，但它們仍是我費盡心血栽培出來的成果，吃起來反而比世界上其他的地瓜都要甜。當酸麵包的酸遇上地瓜的甜，反而將彼此的味道襯托得更迷人。

食材－2個份（每個約400克）

- 天然發酵種 200 克
- 麵粉 300 克
- 地瓜 100 克
- 鹽 4 克
- 常溫水 220 克

事前準備

- 地瓜先用烤箱烤過或蒸過，再切成適當的大小。
- 在發酵籃裡灑一些防沾黏粉。
- 麵團放入烤箱前 20 分鐘先以 230 度 C 預熱。
- 將烘焙紙或烤盤布鋪在烤盤上。

1　1-1 將天然發酵種、麵粉和水倒入調理盆中，用手輕輕地將食材和水和勻，注意不能搓揉。等麵團成形後就將麵團放入容器中，蓋上蓋子在室溫下靜置 30 分鐘至 1 小時。

　　1-2 將步驟 1-1 重新放回調理盆中，加入鹽並輕輕將麵團跟鹽和在一起。

2　2-1 將步驟 1-2 放入容器中蓋上蓋子，放在不會被直射光線照到的地方，接著每 30 分鐘就將麵團拿出來放在工作桌上，以手掌輕輕將空氣拍掉，這個步驟需重複三次。包含拍打空氣的過程在內，整個一次發酵需要 3 至 4 小時。等麵團膨脹成兩倍大之後，再用手指沾麵粉戳入麵團做指印測試，通過測試就表示一次發酵完成。

3　3-1 發酵結束後，將麵團放在工作桌上並對切。

　　3-2 將切開的麵團分別揉成球狀，輕輕壓掉空氣後蓋上濕布以免麵團乾掉，並靜置 20 分鐘。

4　4-1 將步驟 3 放在工作桌上，用手掌壓成扁圓形，然後將地瓜泥鋪在麵團上，再用麵團將內餡包起來，接縫處用手捏緊，並將麵團表面整成光滑的弧形。

4-2 將麵團的光滑面朝下放入發酵籃中。

|T|I|P|
發酵籃是用來幫助麵團定型的長方形或圓形容器，如果沒有發酵籃，建議可用形狀類似的塑膠碗
代替。

5 5-1 將步驟 4-2 放在不會被直射光線照到、且溫度維持在 27 度 C 的室內環境下放置
1 小時 30 分至 2 小時。等麵團膨脹成兩倍大後，就用手指沾麵粉戳入麵團，若
手鬆開後指印仍沒有消失，就表示發酵完成。

6 6-1 將發酵籃倒扣在烤盤上，倒出麵團，用刀子在麵團上劃出想要的紋路。
6-2 在已預熱至 230 度 C 的烤箱中以噴霧器噴 3 至 4 次水，再將麵團放入烤箱中烤
30 至 35 分鐘，烤好後再把麵團取出冷卻。

|T|I|P|
如果是使用沒有蒸汽功能的烤
箱，麵團放入烤箱前用噴霧器往
烤箱內噴水，這樣烤出來的麵包
外皮才會酥脆。

橄欖酸麵包

橄欖主要用於義大利麵、沙拉、披薩等料理,但其獨特的發酵風味
和軟軟的口感,也非常適合搭配發酵麵包。
我很喜歡橄欖,也很喜歡種植物,所以從春天就開始在家裡種橄欖樹。
上班前我會把它搬到能夠照到太陽的空間,下班後再搬回客廳的角落,
每天都會照看橄欖樹的狀況,夢想著總有一天能用自己親手栽種、收成的橄欖
烤麵包。

食材-2個份(每個約370克)

天然發酵種、常溫水各 200 克,麵粉 290 克,橄欖切片 50 克,鹽 4 克

事前準備

○ 麵團放入烤箱前 20 分鐘先以 230 度 C 預熱。
○ 將烘焙紙或烤盤布鋪在烤盤上。

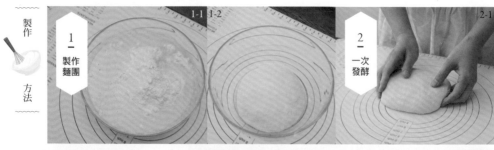

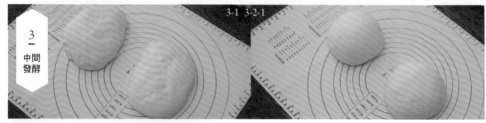

製作

方法

1　1-1 將天然發酵種、麵粉、水倒入調理盆中，用手輕輕地將食材和水和勻，注意不
能搓揉。等麵團成形後就將麵團放到容器中，蓋上蓋子在室溫下靜置 30 分鐘至
1 小時。

1-2 將步驟 1-1 重新放回調理盆中，加入鹽並輕輕將麵團跟鹽和在一起。

2　2-1 將步驟 1-2 的麵團放入容器中蓋上蓋子，放在不會被直射光線照到的室內，接著
每 30 分鐘就將麵團拿出來放在工作桌上，以手掌輕輕將空氣拍掉，這個步驟需
重複三次。包含拍打空氣的過程在內，整個一次發酵需要 3 至 4 小時。等麵團
膨脹成兩倍大後，就用手指沾麵粉戳入麵團做指印測試，通過測試的話一次發
酵就完成了。

3　3-1 發酵結束後，將麵團放在工作桌上並對切。

3-2 切開的麵團分別揉成球狀，輕輕將空氣壓掉後蓋上濕布避免麵團乾掉，並靜置
20 分鐘。

4　4-1 將中間發酵完的麵團放在工作桌上，用手輕輕將空氣拍掉，然後再用手掌將麵
　　　團輕壓成橢圓形。
　　4-2 將橄欖切片鋪灑在麵團上，再用麵團把橄欖包起來，接縫處要用手指捏緊。
　　4-3 將麵團的光滑面朝下放入發酵籃中。

5　5-1 將裝有麵團的發酵籃放在不會被直射光線照到、且溫度維持在 27 度 C 的室內環
　　　境下，放置 1 小時 30 分至 2 小時。等麵團膨脹成兩倍大後，就用手指沾麵粉戳
　　　入麵團，若手鬆開後指印仍沒有消失，就表示發酵完成。

6　6-1 將發酵籃倒扣在烤盤上，倒出麵團，用刀子
　　　在麵團上劃出想要的紋路。
　　6-2 在已預熱至 230 度 C 的烤箱中以噴霧器噴 3
　　　至 4 次水，再將麵團放入烤箱中烤 30 至 35
　　　分鐘，烤好後再把麵團拿出來冷卻。

|T|I|P|
如果是使用沒有蒸汽功能的烤
箱，在麵團放入烤箱前用噴霧器
往烤箱內噴水，這樣烤出來的麵
包外皮才會酥脆。

PART

3

適合蔬食麵包料理的
三明治、湯、沙拉、果汁

黃瓜蘿蔔
開面三明治

黃瓜和蘿蔔是我每年都會種的作物，不僅種起來簡單，收穫量也很多，是可以用於多種料理的優秀食材。尤其炎熱的夏天在農場辛勤揮汗工作，感到口乾舌燥的時候，我總會把眼前的黃瓜摘下來咬一口，那縈繞在嘴裡的多汁黃瓜香，實在是清爽無比。而清爽的黃瓜搭配微微刺鼻的蘿蔔，是最適合手工豆腐美乃滋醬的三明治餡料。

食材－4片麵包份

製作方法

- ◦ 全麥麵包 4 片
- ◦ 黃瓜 1 根
- ◦ 蘿蔔 2 個
- ◦ 豆腐美乃滋（參考第306頁）8 匙
- ◦ 橄欖油、蒔蘿、鹽、胡椒粉適量

1. 切 4 片全麥麵包。
2. 將黃瓜和蘿蔔洗淨、擦乾，切成 0.1 公分厚。
3. 拿出事先做好的豆腐美乃滋。
4. 用熱好的煎烤盤乾煎切片的全麥麵包，正反面都要煎。

   |T|I|P|
   如果沒有煎烤盤，也可以用平底鍋代替。

5. 在煎過的麵包上塗滿豆腐美乃滋後，再將黃瓜跟蘿蔔均勻鋪在上面，接著淋上橄欖油、撒上鹽跟胡椒粉，再放上一些蒔蘿就完成了。

   |T|I|P|
   如果沒有蒔蘿，也可以用百里香。

烤蔬菜
開面三明治

這是一款將洋蔥、茄子、櫛瓜等自己想吃的蔬菜,自由放在麵包上的開面三明治。巴薩米克醋的濃郁香味、蔬菜的甜味結合在一起,只要一口就會讓人完全迷上這個滋味。

食材－吐司6個份

○ 吐司 6 片
○ 櫛瓜、茄子、洋蔥各 1個
○ 植物油適量

醬汁

○ 橄欖油 3 大匙
○ 巴薩米克醋 1 大匙
○ 鹽、胡椒粉適量

製作方法

---

1. 將吐司切成薄薄的 6 片,然後用平底鍋乾煎。
2. 櫛瓜、茄子、洋蔥切成 1 公分厚,接著將植物油倒入熱好的平底鍋中,切好的蔬菜下鍋炒到變成褐色。

   | T | I | P |
   甜椒跟洋蔥切得越大塊,越有嚼勁。

3. 將橄欖油、巴薩米克醋、鹽、胡椒粉倒入碗中拌成醬汁,然後再跟步驟 2 的蔬菜拌在一起,醃 5分鐘。
4. 將步驟 3 鋪在吐司上,開面三明治就完成了。

紅高麗菜沙拉長棍麵包三明治

收成的紅高麗菜多到塞得我滿懷的那天，我開心得像是自己種出大到必須用雙手才抱得動的高麗菜一樣，那愉快的記憶至今仍歷歷在目。紅高麗菜不僅顏色漂亮，又有鮮脆的口感，做成沙拉之後總會讓人忍不住一口接一口。

把外皮酥脆的長棍麵包挖空，塞入紅高麗菜沙拉，就成了美味的三明治，那迷人的紅色更是令人看得目不轉晴。

食材－2人份

- 長棍麵包 1 條
- 紅高麗菜 1/4 個
- 紅蘿蔔 1/2 根
- 橄欖油 3 大匙
- 白酒醋 1 大匙
- 豆腐美乃滋（參考第 306 頁）2 大匙
- 鹽 1 小匙
- 義大利香芹適量

製作方法

1. 將長棍麵包縱切，再將內裡挖空。
2. 紅高麗菜與紅蘿蔔洗乾淨，把水甩乾之後，切成長 6 至 7 公分的細絲。接著在紅高麗菜上撒點鹽醃一下，等變軟後就把水擠乾。
3. 將處理好的紅高麗菜和紅蘿蔔裝在碗裡，加入橄欖油、白酒醋、豆腐美乃滋拌匀。
4. 用步驟 3 的餡料塞滿挖空的長棍麵包，再用保鮮膜緊緊包住，放進冰箱冷藏 30 至 50 分鐘。
5. 要吃之前再把三明治切成理想的厚度，最後撒上義大利香芹就完成了。

|T|I|P|

如果沒有義大利香芹，也可以用羅勒、百里香等其他香草來替代，或直接省略。

蘋果佐小扁豆泥開面三明治

豆泥原本是將鷹嘴豆煮熟後，用來搭配料理的一種中東沾醬，這裡我用小扁豆代替鷹嘴豆，做出了非常美味的沾醬。

用富含膳食纖維與蛋白質的小扁豆做成的豆泥清淡又美味，可以搭配三明治、蔬菜、棍子餅乾、脆餅，是用途非常廣泛的醬料。

食材－全麥麵包6片份

- 全麥麵包 6 片
- 檸檬 1 個
- 蘋果 2 個
- 小扁豆 1/2 杯
- 橄欖油 1/4 杯
- 芝麻 1 大匙
- 蒜泥 1 小大匙
- 鹽 1/4 小匙
- 胡椒粉、生菜適量

製作方法

1. 用麵包刀把全麥麵包切成 6 片。
2. 小扁豆洗乾淨後裝入湯鍋中，倒入可以蓋過小扁豆的水量後，放到瓦斯爐上熬煮 20 分鐘，接著趁熱用食物處理機或叉子做成豆泥。
3. 將檸檬洗淨並擦乾，再用削皮刀把皮削成細絲，果肉則用來榨汁。
4. 將小扁豆泥、檸檬皮絲、檸檬汁、橄欖油、芝麻、蒜泥、鹽、胡椒粉全部倒入碗中拌勻，小扁豆泥醬就完成了。
5. 將蘋果洗乾淨並把水擦乾，對切後再切成 0.2 至 0.3 公分厚的薄片。
6. 將做好的小扁豆泥鋪在切好的全麥麵包上，接著放上生菜，再放上蘋果片就完成了。

南瓜貝果
三明治

貝果最適合用來簡便地解決一餐，再搭配南瓜、手工糖煮藍莓跟豆腐美乃滋，就能做出微甜又清淡的三明治了。

食材－貝果6個份

製作方法

- 貝果 6 個
- 蒸過的南瓜 1 個
- 生菜 100 克
- 糖煮藍莓（參考第 310 頁）6 大匙
- 豆腐美乃滋（參考第 306 頁）6 大匙

1. 用麵包刀將貝果橫向對切。
2. 南瓜洗淨後對切，用湯匙把籽挖掉，切成厚度 0.2 公分的片狀後再蒸熟。
3. 將生菜洗淨、擦乾。
4. 準備好糖煮藍莓和豆腐美乃滋。
5. 在其中一半的貝果上依序抹上豆腐美乃滋、糖煮藍莓，再放上生菜、蒸南瓜片，最後再把另一半貝果蓋上去就完成了。

花生醬草莓
帕尼尼

在認識糖煮草莓之前，我很愛拿吐司麵包同時抹花生醬跟草莓醬來吃，當時我覺得那是最棒的組合。不過就在第一次吃到抹了花生醬與糖煮草莓的吐司那天，我竟對這組合產生了前所未有的迷戀。

希望大家一定要吃吃看香濃的花生醬，配上讓人滿嘴甜蜜的糖煮草莓是什麼滋味！

食材－帕尼尼4個份

製作方法

- 全麥吐司 8 片（或拖鞋麵包等也可以，依照個人喜好選擇）
- 花生醬（參考第 308 頁）4 大匙
- 糖煮草莓（參考第 310 頁）8 大匙

1. 依序將花生醬、糖煮草莓塗抹在藍莓吐司上，再蓋上另一片吐司。

2. 將步驟 1 放到熱好的帕尼尼烤架上，夾起來烤到正反面呈現焦黃就完成了。

| T | I | P |

如果沒有帕尼尼烤架，也可以拿另一個有重量的平底鍋把帕尼尼壓扁。

青醬開面
三明治

推薦大家試著拿青醬抹黑麥麵包,再搭配自己喜歡的水果跟香草,就可以完成簡單、美味又像樣的開面三明治了,這可是我招待客人時絕對會用上的料理。

食材－黑麥麵包4片份

- 黑麥麵包切片 4 片
- 羅勒青醬 8 大匙(參考第 294 頁)
- 小番茄 5 至 6 個
- 義大利香芹適量

製作方法

1. 用麵包刀把黑麥麵包對切成 8 片。
2. 準備事先做好的羅勒青醬。
3. 將小番茄洗淨、擦乾後對切。
4. 煎烤盤熱好後乾煎黑麥麵包,並將正反兩面煎至焦黃。
5. 將羅勒青醬塗抹在煎過的黑麥麵包上,接著放上小番茄、義大利香芹就完成了。

   |T|I|P|

   如果沒有煎烤盤,也可以用平底鍋乾煎。如果沒有義大利香芹,也可以用羅勒代替。

南瓜
玉米濃湯

雖然我已經種植九年了，但南瓜對我來說仍是相當困難的作物。或許是因為這樣，我會讓好不容易長出來的南瓜有時間好好成熟，然後再把熟得恰到好處的南瓜，做成能夠品嘗其濃郁滋味的濃湯來喝。

濃湯是一種法式湯品，是將南瓜、馬鈴薯、豆類等澱粉含量較高的蔬菜製成濃稠的蔬菜泥後（Puree，將蔬菜或豆類等植物磨碎、壓碎、絞碎並過濾製，使其成為膏狀或濃稠液體狀），再用蔬菜泥熬煮而成的湯品。寒冷的冬天總會想起南瓜的甜，不如就來煮一碗濃湯配酥脆的法國長棍麵包怎麼樣？

食材－2人份

- 南瓜 160 克
- 蒸過的玉米粒 140 克
- 水 160 克
- 豆漿 300 克（可用杏仁奶）
- 鹽 2 克

製作方法

1. 南瓜削皮後切成一口大小，放入湯鍋加水後蓋上蓋子煮沸。等水滾後就把蓋子打開，轉為小火再煮 5 分鐘，等南瓜煮軟就用食物處理機或刮刀弄成南瓜泥。

   | T | I | P |
   可以用馬鈴薯、豌豆代替南瓜製作濃湯，各有不同的魅力。

2. 將蒸過的玉米粒、豆漿、鹽用果汁機打成玉米糊。

   | T | I | P |
   不用市售的玉米粒，而是自己買玉米回家蒸，口感會更好，也會更美味。

3. 將步驟 2 的玉米糊倒入步驟 1 的南瓜泥中，再開火煮至沸騰就完成了。

草莓杏仁湯

人生在世，偶爾會遇到因挫折而使身心飽受折磨、感到精疲力盡的時刻，這時候不如試著用心煮一碗需要耗費大量時間才能完成的湯吧。

草莓的甜能夠驅散身體的疲勞，香噴噴的杏仁則可以撫慰心靈的疲憊。煮好一碗熱湯之後，再滴上幾滴橄欖油，整碗湯就會散發隱約的香草香味，讓人身心都十分平靜。

食材－8到9碗份

- 草莓 15 至 20 個
- 生杏仁 60 克
- 水 270 克
- 香草豆莢 1 根
- 橄欖油 2 大匙

事前準備

生杏仁加足以蓋過杏仁的水量，先泡水一晚。

製作方法

1. 將香草豆莢對切，用茶匙把香草籽刮下來，然後連豆莢一起浸泡在橄欖油中。

   |T|I|P|
   剩下的香草豆莢可以放在不會被直射光線照到的陰涼處。

2. 把前一晚泡杏仁的水倒掉，再將杏仁倒入果汁機，加水打成泥，打好之後用濾網過濾。

3. 將草莓對切，或是直接整顆跟步驟 2 一起用果汁機打成草莓果泥。

   |T|I|P|
   最好選擇飽滿且呈現紅褐色的生杏仁，如果杏仁汁的分量太少，也可以用杏仁奶、豆漿代替。

4. 將步驟 3 倒入湯鍋中加熱。

5. 將熱好的湯倒入碗中，滴上兩、三滴橄欖油後再享用。

洋蔥
義大利麵湯

洋蔥是我媽媽經常使用的蔬菜之一,所以我從小就很熟悉洋蔥的嗆辣與甜。開始種菜後我才發現,原來種洋蔥需要花很多時間等待。要經過寒冬直到進入炎夏,等待原本綠色的葉子漸漸失去光芒、掉落,才終於能夠收成,這漫長的旅程就像不斷等待的人生一樣,也更讓我感受到洋蔥的魅力。

或許是因為這樣,所以我總會更用心做以洋蔥為食材的湯。鮮採洋蔥又甜又多汁,最適合用來做爽口的湯,稍微烤過的義大利麵則能夠增添口感的層次。

食材－2到3人份

○ 洋蔥 2 個
○ 蒜頭 1 顆
○ 義大利麵 20 克
○ 甜椒 1/2 個
○ 水 400 克
○ 白酒 2 大匙
○ 橄欖油 1/2 大匙
○ 月桂葉 1 片
○ 鹽 1 小大匙

製作方法

----

1. 將洋蔥去皮、切成 6 等分,然後再切成半月形。甜椒洗乾淨並將水擦乾,接著切成 0.5 公分寬的細絲。

2. 將義大利麵條切成 4 等分,蒜頭用刀拍碎。

3. 湯鍋熱好後倒入一些橄欖油,放入義大利麵炒到麵條變成褐色,但注意不要讓麵碎掉。

4. 義大利麵變成褐色後就加入蒜頭、甜椒,輕輕翻炒後加入白酒稍微燉煮一下。

5. 將切好的洋蔥、鹽加入步驟 4 的湯鍋中,蓋上蓋子以小火燉煮 5 分鐘。

6. 將準備好的水、月桂葉加入步驟 5 的湯鍋中,轉為中火燉煮,沸騰後將浮沫撈起來,並轉為小火再多滾 20 分鐘,最後用鹽調味就完成了。

番茄湯

這是不加其他配料，可以單純品嘗番茄美味的湯品。

前一天晚上先煮好，早餐喝一碗熱騰騰的番茄湯，再搭配幾片天然發酵麵包，不僅毫無負擔，更非常有飽足感。為了讓香味更豐富、更美味，記得一定要放香草喔！

食材－2人份

- 番茄 450 克
- 芹菜 70 克
- 洋蔥 100 克
- 蒜頭 1 顆
- 水 700 克
- 新鮮迷迭香 2 株
- 橄欖油 1 大匙
- 鹽、胡椒粉適量

製作方法

1. 番茄洗淨後連皮一起切成 8 等分。芹菜切成 1 公分長。洋蔥和蒜頭切碎。
2. 將橄欖油倒入湯鍋中，開中火並加入蒜末，快炒至變成褐色，再加入洋蔥稍微炒一下。
3. 將芹菜放入步驟 2 的湯鍋中，翻炒一下後加入番茄一起炒。
4. 將水倒入步驟 3 的湯鍋中，煮到開始沸騰後就轉為小火燉煮 30 分鐘，最後再用鹽調味。
5. 最後加入新鮮迷迭香，轉為小火再滾 5 分鐘。

   | T | I | P |

   如果沒有迷迭香，也可以用百里香代替或直接省略。

6. 盛盤後再依個人喜好加胡椒粉。

鮮番茄香菇義大利麵

最小的姪子很喜歡小番茄，以至於我田地裡的小番茄數量一年比一年多，我也因此常在不同的料理與烘焙點心裡加入番茄當食材。

用市售醬料當食材的義大利麵味道比較刺激，只吃一點就容易覺得膩，不過用新鮮番茄做出來的義大利麵醬，卻能讓人吃到碗底朝天喔。

此外，少量的日式味噌不僅可以帶出番茄的甜，更能夠增加味道的層次，一定要記得加！

食材－1人份

- 義大利麵條 80 克
- 番茄 150 克（醬料用）
- 青江菜 5 至 6 片
- 香菇（或洋菇）、洋蔥 各 80 克
- 蒜頭 1 顆
- 橄欖油 2 大匙
- 番茄 1/2 個
- 日式味噌 1 大匙
- 新鮮羅勒葉 3 至 4 片

煮義大利麵的水

- 水 1 公升
- 鹽 10 克
- 橄欖油適量

製作方法

1. 將水倒入湯鍋中煮，沸騰後加入鹽，義大利麵條下鍋煮 7 至 10 分鐘，可根據個人喜歡的口感調整時間，煮好後用篩網撈起麵條，瀝乾後再加橄欖油拌勻。

2. 將醬料用的番茄洗淨、擦乾，切成 1 公分小丁。

3. 香菇和洋蔥洗淨、擦乾，切成約 0.5 公分左右，青江菜洗乾淨後將水甩乾，把莖和葉切開。

   |T|I|P|
   用香菇代替肉不僅能兼顧營養，更能享受到肉的口感。

4. 蒜頭切碎，1/2 顆番茄對切。

5. 平底鍋熱鍋後倒入橄欖油，先下蒜末爆香，再倒入醬料用的番茄、香菇、青江菜莖稍微炒一下。等番茄生出的水收到剩下一半後，再加入味噌拌勻。

6. 最後將煮好的義大利麵和青江菜葉下鍋，稍微拌炒一下就完成了。裝盤後再放上番茄丁和新鮮羅勒葉。

橄欖洋蔥
沙拉 &
香芹醬

喜歡橄欖的人應該都會喜歡這道沙拉，因為橄欖是主角，可以盡情享用。雖然這只是道沙拉，卻能帶給我們飽足感，如果搭配麵包會更美味。

沙拉醬裡加入了曬乾的香草粉，香味更加豐富，可以搭配任何麵包跟料理。

食材－2到3人份

- 綠橄欖 10 個
- 黑橄欖 10 個
- 洋蔥 100 克
- 小番茄 150 克
- 黃瓜 1 根

香芹醬

- 乾香芹粉 1 小匙
- 橄欖油 2 大匙
- 碎洋蔥 1 大匙
- 蜂蜜 2 大匙
- 醋 1 大匙
- 鹽 1/2 小匙

製作方法

1. 去除黑橄欖、綠橄欖中多餘的水分。
2. 洋蔥保留原本的圓形，縱切成 0.5 公分寬。
3. 小番茄洗乾淨後切成 4 等分。
4. 黃瓜縱向對切，再切成 0.5 公分寬。
5. 把要加入醬料中的洋蔥切碎，和乾香芹粉、蜂蜜、醋、橄欖油倒入碗中拌勻，最後再加鹽調味。
6. 橄欖、洋蔥、小番茄盛入碗裡，淋上醬料之後拌勻就完成了。

|T|I|P|
如果沒有香芹粉，也可以用羅勒粉代替。

四季豆沙拉
& 紅酒醬

我最近常用的食材之一就是四季豆。

四季豆熱量低且富含維生素、纖維，也跟黃豆一樣含有大量植物性蛋白質，不僅營養豐富，更有鮮脆的口感，能夠讓料理吃起來感覺更豐盛。

食材－2到3人份

○ 四季豆 150 克
○ 生菜 100 克

紅酒醬

○ 橄欖油 3 大匙
○ 紅酒醋 3 大匙
○ 蒜泥 1 大匙
○ 蜂蜜 2 大匙
○ 鹽、胡椒粉適量

事前準備

○ 先把蒜頭切成蒜泥。

製作方法

1. 四季豆洗淨後，汆燙 2 至 3 分鐘再瀝乾。
2. 生菜洗乾淨，將多餘的水瀝乾後切成方便食用的大小。
3. 將橄欖油、紅酒醋、蒜泥、蜂蜜倒入準備好的碗裡拌勻，最後加入鹽和胡椒粉調味。
4. 四季豆和生菜裝盤，搭配步驟 3 的紅酒醬一起吃。

番茄羅勒
沙拉 &
羅勒青醬

田裡長得最好的蔬菜跟香草就是小番茄和羅勒，也使它們成為夏季沙拉裡的熟面孔。
在番茄比較甜的時期可以生吃，但不那麼甜的時期則可以用烤箱烤一下再吃。

食材－3到4人份

∘ 小番茄 10 至 12 顆
∘ 生菜 150 克
∘ 羅勒葉 10 片

羅勒青醬

∘ 橄欖油 8 大匙
∘ 碎羅勒 2 大匙
∘ 磨碎的核桃 2 大匙
∘ 白酒醋 1/2 大匙
∘ 鹽、胡椒粉適量

事前準備

∘ 先將要加入醬料中的羅勒切碎。
∘ 先將要加入醬料中的核桃洗乾淨，用平底鍋稍
微炒一下，放涼後再使用。

製作方法

1. 將小番茄洗淨、瀝乾後再對切。
2. 生菜洗乾淨，將多餘的水瀝乾後切成方便食用
的大小。
3. 將橄欖油、碎羅勒、碎核桃、白酒醋倒入碗中
拌勻，最後加鹽和胡椒粉調味。
4. 小番茄與生菜裝盤，並搭配步驟 3 的醬料享用。

草莓沙拉 &
巴薩米克醋
草莓醬

想吃味道清爽的沙拉時，我就會選用水果當食材。
加入酸酸甜甜的草莓，就成了男女老少都喜歡的沙拉了。

食材－2到3人份

◦ 草莓 10 至 12 顆
◦ 生菜 90 克
◦ 維他命菜 30 克

義大利黑醋草莓醬

◦ 草莓 8 顆
◦ 橄欖油 3 大匙
◦ 檸檬汁 1 大匙
◦ 巴薩米克醋 1/2 大匙
◦ 原糖 1 小匙
◦ 鹽適量

事前準備

◦ 先將醬料用的草莓洗乾淨，瀝乾多餘的水分後
  用果汁機打成泥。

製作方法

----

1. 草莓洗乾淨，將多餘的水分瀝乾後對切。
2. 生菜與維他命菜洗淨、瀝乾，切成方便食用的
   大小。
3. 將草莓果泥和橄欖油、檸檬汁、巴薩米克醋、
   原糖倒入碗中拌勻，最後加鹽調味。
4. 草莓、生菜和維他命菜裝盤，搭配步驟 3 的醬
   料享用。

無花果沙拉
& 醋醬

柔軟的無花果非常適合搭配鮮脆的紫萵苣。
也可以改用當季水果搭沙拉生菜喔。

食材－2到3人份

- 無花果 6 個
- 紫萵苣 60 克
- 維他命菜 30 克
- 黃瓜 1/5 根

醋醬

- 橄欖油 3 大匙
- 柿子醋 3 大匙
- 蒜泥 1/2 小大匙
- 原糖 1 大匙
- 鹽適量

事前準備

○ 先把醬料用的蒜頭切碎。

製作方法

1. 無花果洗淨後立刻瀝乾，並切成方便食用的大小。
2. 紫萵苣和維他命菜洗淨、瀝乾後切成方便食用的大小。
3. 用鹽搓洗黃瓜，洗乾淨後將水分擦乾再切成半月形。
4. 將橄欖油、柿子醋、蒜泥、原糖倒入碗中拌勻，最後再加鹽調味。
5. 處理好的沙拉食材裝盤，搭配步驟 4 的醬料。

古斯米沙拉 & 洋蔥醬

北非地區會拿古斯米搭配肉類或蔬菜一起料理，這是一種像白飯一樣的健康穀物。富含蛋白質且低熱量，非常適合減肥。

我是在 20 多歲向與那國進老師學習異國料理時，第一次接觸到古斯米沙拉。煮得恰到好處的古斯米有著飽滿的口感，令熟悉蔬果沙拉的我感到十分驚艷，這道沙拉至今仍是我喜歡的沙拉品項之一。

食材－2到3人份

- 古斯米 2/3 杯
- 櫛瓜 60 克
- 紅蘿蔔 1 個
- 橄欖油 1 小茶匙

洋蔥醬

- 碎洋蔥、橄欖油各 3 大匙
- 醋 2 大匙
- 鹽適量

事前準備

- 準備適量的熱水煮古斯米。

製作方法

1. 將古斯米倒入碗中，再倒入足量的熱水，以湯匙攪拌均勻後蓋上蓋子，在常溫下靜置 5 分鐘，讓古斯米吸飽水分。

2. 櫛瓜、紅蘿蔔洗淨後擦乾，切成 1 公分小丁。

3. 步驟 1 吸飽水後，就將米倒入料理盆中，加入橄欖油，用勺子拌勻，避免任何結塊。

4. 平底鍋熱好後倒入橄欖油，將處理好的櫛瓜、紅蘿蔔下鍋稍微拌炒，再倒入步驟 3 的古斯米一起炒，等食材都炒熟了就關火稍微放涼。

5. 將洋蔥切碎，接著將碎洋蔥、橄欖油、醋倒入料理盆中拌勻，最後再加鹽調味。

   |T|I|P|
   如果喜歡香草，也可以在洋蔥醬裡加1小匙百里香粉或羅勒粉，這樣會更香、更美味。

6. 將古斯米沙拉跟醬料拌勻就完成了。

蒜醃四季豆

因為好奇四季豆這種作物，所以我就在初春時播了種，但之後一直忘記四季豆的存在，某天發現角落有植物默默開花結果，一看之下才想起來是四季豆。在我的忽視之下，仍靠著自然力量成長的生命體，實在是非常迷人。

四季豆也稱為「菜豆」，是一種每個部位都能吃的蔬菜。又嫩又脆的外皮只要洗乾淨後簡單用滾水燙過，再加橄欖油、鹽稍微調味，就成了簡單又像樣的沙拉。而搭配蒜頭做成醃四季豆，則別有一番風味。早午餐時間拿醃四季豆搭配麵包一起享用，就是兼具品味與美味的一餐。

食材－4到5人份

- 四季豆 400 克
- 蒜頭 10 顆
- 鹽 2 小匙

醃漬湯

- 白酒醋、水各 2 杯
- 原糖、鹽各 6 大匙
- 辣椒 6 根
- 消毒過的玻璃瓶

事前準備

- 要用來醃四季豆的玻璃瓶應該先消毒。消毒方法是用湯鍋裝冷水，再將瓶子倒扣在鍋子裡放到瓦斯爐上煮，沸騰後再煮 1 至 2 分鐘，然後將瓶子拿起來擦乾。

製作方法

1. 在滾水中加鹽，放入四季豆燙 2 至 3 分鐘，然後泡一下冷水再撈起來瀝乾，裝入消毒好的玻璃瓶。

2. 蒜頭洗乾淨，將多餘的水擦乾後切開，放入步驟 1 裝了四季豆的玻璃瓶中。

3. 將準備好的白酒醋、水、原糖、鹽、辣椒放入湯鍋煮，煮開後稍微放涼，等溫度稍微降下來後，就倒入步驟 2 的玻璃瓶中，然後先不要蓋上蓋子，放在室溫下等完全冷卻後再蓋上蓋子，放進冰箱醃一個星期，醃熟後就能品嘗到美味的蒜醃四季豆了。

| T | I | P |

如果沒有白酒醋，也可以用家中正在使用的醋。沒有辣椒的話，也可以用1至2根青陽辣椒代替，如果不喜歡辣則可以省略。

羅勒青醬

了解到各種香草的美味與廣泛的用途後,我開始打理屬於自己的田地,也開始找種籽或種苗來自己種香草。而各式各樣的香草中,最常見也最多人吃的就是羅勒。

手工羅勒青醬香氣與味道都很有層次,是市售青醬無法比擬的。無論是素食麵包還是沙拉,都推薦可以用羅勒青醬搭配喔。

食材－約650克

──────────

○ 羅勒 200 克
○ 核桃 160 克
○ 松子 100 克
○ 蒜 6 顆
○ 橄欖油 200 克
○ 鹽 1 小匙

事前準備

──────────

○ 裝羅勒青醬的玻璃瓶請事先消毒。
  消毒方法是用湯鍋裝冷水,再將瓶
  子倒扣在鍋子裡放到瓦斯爐上煮,
  沸騰後再煮 1 至 2 分鐘,然後將瓶
  子拿起來並把水擦乾。

製作方法

──────────

1. 把羅勒洗淨、瀝乾。
2. 核桃用溫水洗乾淨後用平底鍋稍微炒一下。
3. 松子用平底鍋炒一下。
4. 蒜頭洗乾淨後將水擦乾。
5. 將所有的食材用果汁機打在一起。

   |T|I|P|
   **也可以用芝麻菜代替羅勒,會做出另一種風味的青
   醬。另外也可以用腰果代替松子。橄欖油的分量可以
   增減,請依照個人喜好調整。**

豆腐美乃滋

豆腐美乃滋是一種素美乃滋，味道跟市售的美乃滋不一樣，很適合搭配堅果和豆腐。作法非常簡單，可以當成三明治、沙拉、生菜的沾醬，用途非常廣泛。

食材－約300克

- 豆腐 1 塊
- 核桃 1/2 杯
- 橄欖油 80 毫升
- 麥芽糖、醋各 2 大匙
- 檸檬汁 4 大匙
- 鹽 2 小匙

事前準備

- 烤核桃之前烤箱先用 170 度 C 預熱。

製作方法

1. 把豆腐洗乾淨，蓋上棉布後拿個有重量的容器壓在上面，放置至少一小時把水分壓乾。
2. 核桃鋪在烤盤上，放入以 170 度 C 預熱的烤箱中烤 15 分鐘，這樣核桃會比較香。
3. 將除去水分的豆腐、烤過的核桃、橄欖油、麥芽糖、醋、檸檬汁、鹽用果汁機打成糊，豆腐美乃滋就完成了。

| T | I | P |

做好的豆腐美乃滋最好先放冰箱冷藏半天發酵，這樣吃起來味道會更有層次。每做一次大約可以冷藏3至4天。

花生醬

雖然最近市面上也可以買到不含添加物的花生醬，不過手工花生醬可以配合個人口味加不同堅果，味道也比市售產品更豐富。

食材－約800克

- 炒過的花生 800 克
- 橄欖油、麥芽糖各 2 大匙
- 鹽 1 小匙

製作方法

---

1. 將炒過的花生皮剝乾淨，用果汁機打成糊。

   | T | I | P |

   如果是生花生，則可以先用平底鍋乾炒過。用杏仁代替花生就能做出杏仁醬，也可以杏仁、花生各半。

2. 將準備好的橄欖油、麥芽糖、鹽加入步驟 1 的花生糊中，再稍微打一下把食材拌勻。

   | T | I | P |

   可以用糖漿、蜂蜜等代替麥芽糖。橄欖油的分量可以增減，請依照個人的口味調整花生醬的濃度。

糖煮藍莓
（草莓）

糖煮是一種用糖去煮水果、再冷藏起來的料理方式，這種方式比果醬更能保留水果的原型，算是比較濃稠的醃漬水果。食譜中的藍莓可以替換成草莓，糖煮草莓也十分美味，很適合搭配素麵包。

食材－約400克

〰〰〰〰〰〰〰〰〰

◦ 藍莓 300 克
◦ 原糖 120 克
◦ 檸檬汁 1 大匙
◦ 檸檬皮（檸檬 1 顆的分量）適量
◦ 香草精 2 滴
◦ 消毒過的玻璃瓶

製作方法

〰〰〰〰〰〰〰〰〰

1. 藍莓洗乾淨後用篩網把水瀝乾。
2. 將藍莓放入湯鍋中，加入準備好的原糖、檸檬汁、檸檬皮，熬煮約 25 至 30 分鐘至藍莓變得濃稠為止。

   |T|I|P|
   如果沒有原糖，也可以用等量的砂糖。

3. 藍莓變濃稠後即可關火，加入香草精後用木勺稍微攪拌一下。
4. 將步驟 3 的藍莓糊裝入消毒過的玻璃瓶，蓋上蓋子後倒扣放好，放在室溫下等待冷卻，完全冷卻後即可放入冰箱。

甜菜蘋果汁

雖然甜菜也是我從播種開始慢慢栽培的蔬菜之一，但它對我來說一直很陌生，所以吃法也相當侷限。不過在栽種的過程中，我一一開發出不同的料理方式，實在是很有趣的經驗。我曾經拿甜菜去烤，發現烤過之後甜味會更濃郁，也曾經把甜菜做成水泡菜來吃，嘗試過很多種不同的料理方法。不過如果你還不熟悉甜菜的滋味，那我想推薦你從簡單又美味的甜菜蘋果汁開始。

食材－2人份

○ 甜菜 1/2 個
○ 蘋果 3 個
○ 檸檬汁 2 大匙
○ 水 2 杯
○ 糖漿 4 大匙
（可用楓糖漿、蜂蜜代替）

事前準備

1. 甜菜洗乾淨後將皮剝掉，並把水擦乾。
2. 蘋果洗乾淨後不要削皮，將籽挖掉之後再連皮一起切成一口大小。
3. 將處理好的甜菜、蘋果、檸檬汁、水和糖漿用果汁機打勻就完成了。

黃瓜芹菜汁

清爽無比的黃瓜配上微苦的芹菜、甜甜的蘋果，是我個人非常推薦的美味組合。打一杯
當成早餐，配一兩片天然發酵麵包，一天就能有個飽足的開始。

食材－2人份

◦ 黃瓜 1 根
◦ 芹菜 2 根
◦ 蘋果 2 顆
◦ 水 2 杯

製作方法

---

1. 用粗鹽把黃瓜搓洗乾淨，接著把水擦乾再切成
   一口大小。
2. 削掉芹菜的纖維後洗乾淨，把水擦乾後再切成
   約 5 至 6 公分長。
3. 蘋果洗乾淨後不要削皮，把籽挖掉後連皮一起
   切成一口大小。
4. 將處理好的黃瓜、芹菜、蘋果跟水用果汁機打
   勻就完成了。

紅蘿蔔
柳橙汁

每年我都會種紅蘿蔔,而有生以來第
一次把深埋在地底的紅蘿蔔拔出來的
體驗,給了我一種陌生又悸動的感
受,實在是令我永生難忘。
用親手栽種的紅蘿蔔打果汁時,我會
把紅蘿蔔葉和莖也一起加進去,這樣
能讓果汁更美味。

食材-2人份

⸻⸻⸻

∘ 紅蘿蔔 1 根

∘ 柳橙 1 顆

∘ 檸檬 1/2 顆

∘ 水 1 又 1/2 杯

製作方法

⸻⸻⸻

1. 紅蘿蔔洗淨、擦乾,再切成一口大小。

2. 將柳橙切成 4 等分後剝皮。

3. 檸檬榨成汁。

4. 將處理好的紅蘿蔔、柳橙、檸檬汁與水用果汁
   機打勻就完成了。

草莓汁

雖然我嘗試種過幾次草莓，但至今還沒有順利收成過。

遲早有一天我要去草莓農場學點技巧，然後再用自己收成的草莓來做草莓汁。

這裡要介紹給大家的草莓汁，熟得恰到好處的草莓加上甜甜的香蕉，絕對會讓人忍不住想一喝再喝。

食材－2人份

○ 草莓 40 顆
○ 香蕉 1/2 根
○ 蜂蜜 1 茶匙
○ 水 1 又 1/2 杯

製作方法

1. 將草莓洗乾淨，把蒂頭拔掉並將水擦乾。
2. 香蕉剝皮後對切。
3. 將處理好的草莓、香蕉、蜂蜜和水用果汁機打勻就完成了。

水蜜桃
冰淇淋

平常我不太會吃冰冷的食物或飲料，但在炎熱的夏季偶爾會想吃冰淇淋，不過我無法順利消化牛奶，一般的冰淇淋很容易讓我拉肚子，所以我才開始做手工冰淇淋。

這是一種只需要簡單食材就能做出的手工冰淇淋，在家裡自己做冰淇淋，糖也會加得比較少，又能用新鮮的水果，味道自然是市售冰淇淋無法比擬的好。一起來用當季水果做美味的冰淇淋吧！

食材－2人份

∘ 水蜜桃 1 個
∘ 豆腐 200 克
∘ 糖漿 4 大匙（可用楓糖漿、蜂蜜代替）
∘ 鹽 1 小匙
∘ 檸檬汁 2 大匙

製作方法

1. 水蜜桃洗乾淨削皮後，將果肉切成 2 公分大小，然後裝進塑膠袋，放進冰箱冷凍。

   | T | I | P |
   除了水蜜桃之外，也可以用草莓、藍莓、奇異果等甜度較高且味道較溫和的水果。

2. 將豆腐洗淨後蓋上棉布，再用有重量的容器壓著靜置約 1 小時，把多餘的水分壓乾。

3. 步驟 1 的水蜜桃冰到變硬後就拿出來，跟脫水的豆腐、糖漿、鹽和檸檬汁用果汁機打成糊。

4. 將步驟 3 的水蜜桃糊倒入長方形的容器裡，用刮刀把表面弄平整後蓋上蓋子放入冰箱冷凍。

5. 一小時後拿出來用叉子刮一刮，將上下層攪拌在一起，然後再放入冰箱冷凍。重複這個過程 2 至 3 次，冰淇淋就完成了。

國家圖書館出版品預行編目資料

蔬食烘焙：全植物性食材也能做馬芬、蛋糕和麵包，再也不擔心過敏、皮膚
炎和肥胖問題／朴宣紅 著；陳品芳 譯.-- 初版.-- 臺北市：如何，2020.07
320 面；17×23 公分.--（Happy Family；80）
ISBN 978-986-136-552-7（平裝）

1.點心食譜 2.素食食譜

427.16   109006606

www.booklife.com.tw   reader@mail.eurasian.com.tw

Happy Family　080

蔬食烘焙：全植物性食材也能做馬芬、蛋糕和麵包，再也不擔心過敏、皮膚炎和肥胖問題

作　　者／朴宣紅（박선홍）
譯　　者／陳品芳
發 行 人／簡志忠
出 版 者／如何出版社有限公司
地　　址／台北市南京東路四段50號6樓之1
電　　話／（02）2579-6600・2579-8800・2570-3939
傳　　真／（02）2579-0338・2577-3220・2570-3636
總 編 輯／陳秋月
主　　編／柳怡如
責任編輯／柳怡如
校　　對／柳怡如・丁予涵
美術編輯／李家宜
行銷企畫／詹怡慧・曾宜婷
印務統籌／劉鳳剛・高榮祥
監　　印／高榮祥
排　　版／陳采淇
經 銷 商／叩應股份有限公司
郵撥帳號／18707239
法律顧問／圓神出版事業機構法律顧問　蕭雄淋律師
印　　刷／龍岡數位文化股份有限公司
2020 年 7 月 初版

VEGAN BAKING
by Park sun hong
Copyright © 2019 by Park sun hong
Complex Chinese translation copyright © 2020 by Solutions Publishing（imprint of
The Eurasian Publishing Group）
All rights reserved.
Original Korean language edition published by SUNGAN BOOKS
Complex Chinese translation rights arranged with ERIC YANG AGENCY INC.

定價 410 元　　　　　　ISBN 978-986-136-552-7　　　　版權所有・翻印必究